MuPAD Reports

Winfried Fakler

Algebraische Algorithmen zur Lösung von linearen Differentialgleichungen

MuPAD Reports

Herausgegeben von
Prof. Dr. rer. nat. Benno Fuchssteiner, Universität-GH Paderborn
Institut für Automatisierung und Instrumentelle Mathematik
(Automath)

MuPAD ist ein offenes universelles (*general purpose*) Computeralgebra-System, das an der Universität-GH Paderborn entwickelt wird. Aktuelle Programmversionen stehen auf dem FTP-Server der Universität-GH Paderborn zur Zeit für Windows 95, Apple Macintosh System 7.x sowie für die gängigen UNIX Systeme zur Verfügung. Siehe hierzu `ftp://ftp.mupad.de/MuPAD/`.

MuPAD Reports informiert über die grundlegenden Strukturen und Wirkungsweisen von Computeralgebra-Systemen am Beispiel von MuPAD. Die Reihe gibt Einblick in die technischen und theoretischen Grundlagen des Entwurfs von Systemen zur symbolischen Verarbeitung mathematisch-technischer Sachverhalte.

Aktuelle Informationen zu MuPAD und der projektbegleitenden Forschung sind im World-Wide-Web zu finden unter `http://www.mupad.de`. Eine detaillierte Beschreibung des Systems und seiner Programmiersprache wird im *User's Manual* [29][1] gegeben.

Seit Okt. 1997 wird MuPAD in Kooperation mit SciFace Software entwickelt. SciFace Software vertreibt MuPAD und bietet kommerziellen Support an. Siehe hierzu `http://www.sciface.com`.

[1] Siehe hierzu auch `http://www.teubner.de` und `http://www.wiley.co.uk`

Algebraische Algorithmen zur Lösung von linearen Differentialgleichungen

Von Dr. rer. nat. Winfried Fakler
Universität-Gesamthochschule Paderborn

B. G. Teubner Stuttgart · Leipzig 1999

Winfried Fakler
Universität-GH Paderborn
Institut für Automatisierung und Instrumentelle Mathematik
Warburger Straße 100
D-33098 Paderborn, Germany
e-mail:fakler@mupad.de

Zur Erlangung des akademischen Grades eines Doktors der Naturwissenschaften der Fakultät für Informatik der Universität Karlsruhe (Technische Hochschule) genehmigte Dissertation von Winfried Fakler aus Tannheim.

Tag der mündlichen Prüfung: 19. Juni 1998

Erster Gutachter: Prof. Dr. Jacques Calmet

Zweiter Gutachter: Prof. Dr. Benno Fuchssteiner

Die Deutsche Bibliothek – CIP-Einheitsaufnahme

Fakler, Winfried:
Algebraische Algorithmen zur Lösung von linearen Differentialgleichungen / Winfried Fakler. – Stuttgart ; Leipzig : Teubner, 1999
(MuPAD-Reports)

ISBN 978-3-519-02136-0 ISBN 978-3-322-92104-8 (eBook)
DOI 10.1007/978-3-322-92104-8

Einband: Peter Pfitz, Stuttgart

Vorwort des Herausgebers

Mathematics is the basis of technological progress and technological progress is a key for international competitiveness. Automating an important part of the mathematical problem solving process is a key technology for a nation that wishes to control structure and accelerate technological progress. The automation of the solution of mathematical problems is a powerful lever with which human productivity and expertise can be amplified many times. – Aus A. C. Hearn, Ann Boyle and B.F. Caviness (eds): Future Directions for Research in Symbolic Computation, Siam Reports on Issues in the Mathematical Sciences, Philadelphia, 1990

Computeralgebra-Systeme (CA-Systeme) stellen dem Ingenieur und Naturwissenschaftler fast alle notwendigen Formeln und Algorithmen seiner täglichen Praxis zur Verfügung. Sie setzen Formeln fehlerfrei ineinander ein, bestimmen Ableitungen, lösen Gleichungen, zeichnen Graphiken, verdeutlichen Geometrie, und berechnen die benötigten Resultate mit beliebiger Präzision. Außerdem erlauben sie eine mühelose funktionale Programmierung anspruchsvoller Sachverhalte. Computeralgebra wird deshalb den Umgang kommender Generationen mit Mathematik wesentlich prägen und deren Verständnis von Wissenschaft und Technik entscheidend beeinflussen.

Trotzdem nutzen zu viele Anwender ein CA-System als Black Box ohne sich über die Interna der Systeme und die damit verbundenen Schwächen und Stärken Gedanken zu machen. Neben dem Verständnis der den Funktionsbibliotheken zugrunde liegenden Algorithmen ist aber eine elementare Kenntnis der grundlegenden Strukturen und Wirkungsweisen eines CA-Kerns die Voraussetzung zum effizienten Einsatz solcher Systeme. Leider werden solche technischen Details von vielen Entwicklern und Herstellern nicht offengelegt. Trotz der heute großen Zahl von Anwendern von CA-Systemen besteht deshalb ein Mangel an Kenntnissen über die technischen Grundlagen von Computeralgebra. Diesem Mangel abzuhelfen dient die Reihe MuPAD Reports.

MuPAD steht als Abkürzung für Multi Processing Algebra Data Tool. Um Aufgaben und Probleme neuer Dimension lösen zu können, ist MuPAD als offenes System konzipiert und bietet die Möglichkeit der Integration und Kommunikation verschiedener Softwareprodukte innerhalb einer Oberfläche. MuPAD ist modular aufgebaut und leicht portierbar. Das System erlaubt dem Nutzer die Schaffung eigener Datentypen und ermöglicht objektorientiertes Programmieren. Es ist eines der ersten europäischen universellen CA-Systeme. Die Entwicklung von MuPAD versteht sich als eine Dienstleistung für den Forschungsbereich.

Paderborn, im Oktober 1998 Benno Fuchssteiner

Für Susanne und Sonja

Vorwort

Als in unserer Schule der erste Computer gekauft wurde, ein Commodore CBM 32 mit 32KByte Hauptspeicher und einem Basic-Interpreter, fragte ich mich, ob man nicht mathematische Funktionen auf dem Rechner auch symbolisch ableiten könne. Mein Mathematiklehrer war der Auffassung, so etwas sei auf einer Maschine nicht machbar. Doch ich verteidigte diese Idee beharrlich. Das war 1983.

Während meines Informatikstudiums an der Fridericiana in Karlsruhe bat ich nichtsahnend Herrn Professor Dr. Felix Ulmer, zu dieser Zeit noch wissenschaftlicher Mitarbeiter am Institut für Algorithmen und Kognitive Systeme bei Herrn Professor Dr. Jacques Calmet, mir bei einem Problem mit Differentialgleichungen behilflich zu sein. Das gab den Ausschlag, mich erneut mit symbolischem Rechnen zu beschäftigen.

Als wissenschaftlicher Mitarbeiter am Institut für Algorithmen und Kognitive Systeme erhielt ich die Gelegenheit im Rahmen des Projektes CA 153/5-1 der Deutschen Forschungsgemeinschaft zu dem Thema „Invarianten und homogene lineare Differentialgleichungen dritter Ordnung", die Idee aus meiner Schulzeit in etwas abgewandelter Form umzusetzen. Hieraus resultierende Ergebnisse können in dem vorliegenden Buch nachgelesen werden.

Die wesentliche Vereinfachung der Algorithmen zum exakten Lösen gewöhnlicher linearer Differentialgleichungen mit dem Computer, inzwischen sogar über Lösungsformeln, könnte dazu beitragen, in Zukunft das Lösen von Differentialgleichungen durch die immer größere Verbreitung der Computeralgebra-Systeme sogar an Schulen zu lehren. Dies scheint nicht zuletzt schon deshalb möglich, weil bereits heute – und da stimme ich mit Herrn Prof. Dr. Harro Heuser überein – das Differenzieren und Integrieren genauso zu den notwendigen „Kulturtechniken" unserer Zeit zählen wie das Lesen und Schreiben.

Mein herzlicher Dank an alle, die mir bei der Entstehung dieses Buches geholfen haben. An erster Stelle danke ich Herrn Professor Dr. Jacques Calmet. Seine Sichtweise der Informatik war wesentlich für meine Arbeit. Herrn Professor Dr. Benno Fuchssteiner gilt mein besonderer Dank für die gute und bereitwillige Zusammenarbeit auch über Institutsgrenzen hinweg.

Für fruchtbare, intensive Diskussionen und Hinweise danke ich Herrn Professor Dr. Felix Ulmer. Ebenfalls danke ich Herrn Dr. Jacques Arthur Weil für seine hilfreichen Hinweise. Herrn Professor Dr. Manuel Bronstein danke ich für den Tip mit den vollständig reduziblen Operatoren.

Mein besonderer Dank gilt außerdem Herrn Professor Dr. Thomas Beth, der mir gegen Ende des obigen Projektes ermöglichte, an seinem Lehrstuhl weiterzuarbeiten. Dies hat die Fertigstellung des Buches erst ermöglicht.

Meinen Kollegen danke ich für die offene, freundschaftliche Atmosphäre, die zum Gelingen dieses Buches beigetragen hat. Besonderer Dank geht an die Herren Dr. Werner M. Seiler und Christoph Zenger für viele Diskussionen und den täglichen Gedankenaustausch auf dem Weg zur Mensa.

Die Implementierungen im Computeralgebra-System MuPAD konnten nur durch die sehr gute und schnelle Zusammenarbeit via Internet mit Herrn Dr. Paul Zimmermann entstehen. Herr Eckhard Pflügel hat durch seine Implementierung zur Berechnung der exponentiellen Lösungen einen wesentlichen Beitrag geleistet. Mein besonderer Dank gilt allen Mitgliedern der MuPAD-Gruppe, die mir die Möglichkeit eines direkten Zugriffs auf ihre aktuellen Entwicklerversionen gaben und mir bei Fragen und Problemen innerhalb kürzester Zeit weiterhalfen. Allen voran danke ich den Herren Ralf Hillebrand, der meine Wünsche und Vorstellungen in MuPAD eingebaut hat, Klaus Drescher für die Diskussionen die Domains betreffend, sowie Ralf Kraume, Frank Postel, Dr. Oliver Kluge und Stefan Wehmeier.

Für das Korrekturlesen und die sprachlichen Feinheiten sei Herrn Werner Frank gedankt.

Karlsruhe, im Februar 1998 Winfried Fakler

Inhaltsverzeichnis

Kapitel 1

Einführung

Wie der Mensch durch Vervollkommnung der Technik immer mehr versucht, sich von den Fesseln frei zu machen, die ihm als Naturwesen gegeben sind, ebenso versucht er, das Ermüdende langwieriger Rechnungen oder langwieriger zeichnerischer Aufgaben durch mehr oder weniger verwickelte Geräte, die ihm diese Arbeit abnehmen, zu vermeiden – angefangen von dem einfachen Rechenbrett bis zur komplizierten Rechenmaschine und zu dem Wunderwerk einer Maschine zur Lösung von Differentialgleichungen.

WALTER MEYER ZUR CAPELLEN (1941)

Während bereits im Jahr 1836 das Prinzip einer mechanischen Maschine zur graphischen Integration – ein sogenannter Integraph – veröffentlicht wurde, entstanden die ersten gebauten Apparate ab etwa 1875. Die komplizierteren Instrumente zur Integration gewöhnlicher Differentialgleichungen – das sind die allgemeinen oder zusammengesetzten Integraphen – ließen noch eine Weile auf sich warten. Die ersten Entwürfe für eine Maschine zur Lösung linearer Differentialgleichungen zweiter Ordnung mit variablen Koeffizienten stammen von Lord Kelvin aus dem Jahr 1876. Doch erst ab 1910 gab es Integraphen für spezielle Gleichungen erster Ordnung zu kaufen. Ein schon sehr allgemeines Gerät, das Gleichungen der Form

$$y'' = f_1(y') + f_2(y) + f_3(x)$$

lösen konnte, hat Knorr 1921 in seiner Dissertation entwickelt. Eine schematische Darstellung dieses Fahrdiagraphen ist in Abbildung 1.1 gegeben. Entlang der gezeichneten Kurven $f_1(y')$, $f_2(y)$ und $f_3(x)$ werden entsprechend Fahrstifte F_1, F_2 und F_3 geführt. Auf der Trommel T zeichnet Schreibstift S_1 eine Kurve, die proportional zu $y'(x)$ ist, und Stift S_2 eine Kurve proportional zu

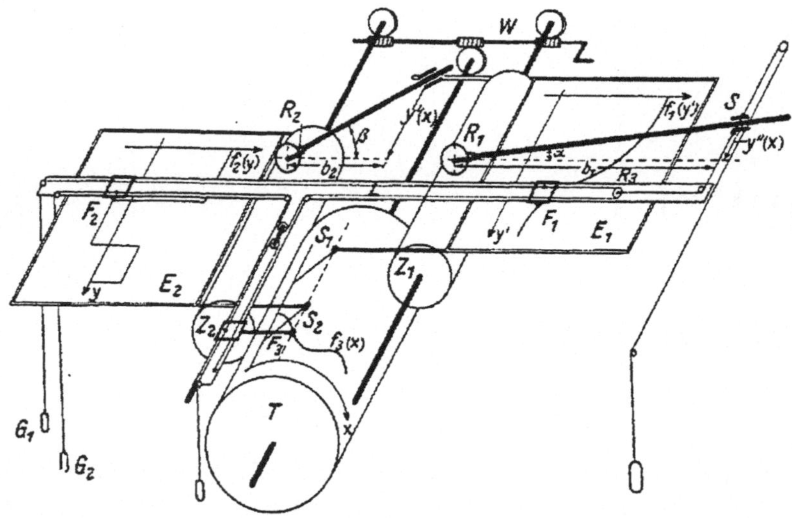

Abbildung 1.1: Fahrdiagraph von Knorr, siehe [59]

$y(x)$. Die Seilzüge mit den Gewichten G_1 und G_2 dienen zur Justierung („Nullage") der Fahrstifte auf den Leiterschienen. Dieses Gerät diente vor allem der Fahrzeitbestimmung von Zügen.

Zur gleichen Zeit begann Bush mit der Entwicklung einer sehr mächtigen Maschine zur Integration gewöhnlicher Differentialgleichungen und vollendete sie im Jahr 1930. Eine (spätere) Version seines Differential Analyzers ist in Abbildung 1.2 zu sehen. Auf dieser Grundlage entstanden danach eine Reihe von Maschinen, die sich u.a. in der Anzahl der Integratoren unterschieden. Die größte Maschine mit 12 Integratoren stand in Oslo, benötigte $17m^2$ Stellfläche und kostete 90 000 norwegische Kronen. Durch das Aufkommen elektronischer Rechenmaschinen wurden die mechanischen Differential Analyzer schnell verdrängt. Mehr über die mechanische Integration findet man beispielsweise in Bush [18], Hort und Thoma [36], Kamke [40], Meyer zur Capellen [59] und Willers [96, 97, 98].

Das Pendant zur mechanischen Integration ist die numerische Integration von gewöhnlichen Differentialgleichungen. Doch schon Hort und Thoma [36, S. 263] stellen fest: *„Es gibt sich also die Möglichkeit, die Differentialgleichung* [gewöhnliche lineare Differentialgleichung zweiter Ordnung mit variablen Koeffizienten] *auf mechanischem Wege zu lösen, während ihre analytische Integration auf elementarem Wege gar nicht möglich ist. Nur durch die Hilfsmittel der*

Abbildung 1.2: Differential Analyzer von Bush, siehe [60]
Foto: MIT Museum

Funktionentheorie kann man sich im allgemeinen Falle einen Überblick über die Eigenschaften ihres Integrals verschaffen.“ Die modernen Hilfsmittel der Computeralgebra erlauben – durch die nun symbolische Integration – diesen Überblick. Dabei wird die für viele Probleme speziell angepaßte Mechanik durch algebraische Algorithmen ersetzt.

Beim Entwurf von algebraischen Algorithmen zur Lösung von Differentialgleichungen muß man sich notwendig mit der (algebraischen) Struktur dieser Gleichungen beschäftigen. Das führt zum einen auf eine Einteilung in spezielle Typen von Differentialgleichungen. Allerdings kann man hierbei nie alle Differentialgleichungen erfassen. Zum anderen führt das auf eine Klassifikation von Differentialgleichungen, wie z.B. in lineare und nicht lineare, gewöhnliche und partielle Differentialgleichungen.

Man kann sich weiter fragen, was für Arten von Lösungen man bestimmen will, ob man beispielsweise Potenzreihenlösungen, formale oder geschlossene – also exakte – Lösungen sucht. In diesem Buch geht es vor allem um symbolische, konstruierbare Lösungen von linearen Differentialgleichungen.

Es bezeichne

$$L(y) = y^{(n)} + a_{n-1}y^{(n-1)} + \ \dots \ + a_1 y' + a_0 y = 0 \qquad (a_i \in k)$$

eine homogene lineare Differentialgleichung $n$ter Ordnung über dem Koeffizientenkörper k, wobei k z.B. für die rationalen Funktionen steht. Es ist bekannt, daß eine lineare Differentialgleichung $n$ter Ordnung genau n linear unabhängige Lösungen besitzt, welche einen Lösungs(vektor)raum erzeugen, siehe Abschnitt 2.5.

Konstruierbare Lösungen kann man zu Lösungsklassen zusammenfassen.

1.1 Über Klassen von Lösungsfunktionen

In diesem Abschnitt werden mehrere Klassen von Lösungsfunktionen vorgestellt, samt ihrer algebraischen Struktur und damit auch ihrer Konstruktionsweise.

Rationale Lösungen.

Rationale Lösungen sind Funktionen in k. Für diese Klasse hat bereits 1833 J. Liouville einen Algorithmus vorgestellt, allerdings nur, falls k für die rationalen Funktionen steht. Allgemeinere Versionen stammen von Singer (1991) und Bronstein (1992).

Algebraische Lösungen.

Algebraische Lösungen sind Funktionen, die in einer algebraischen Erweiterung von k liegen, d.h. sie erfüllen ein irreduzibles Polynom mit Koeffizienten aus k. Ein Beispiel hierfür ist

$$\sqrt[3]{1-\sqrt{x}}.$$

An einem Algorithmus zur Bestimmung algebraischer Lösungen haben viele namhafte Mathematiker gearbeitet, u.a. Liouville, Pépin, Fuchs, Klein, Jordan, in diesem Jahrhundert Baldassari und Dwork, Katz, van der Put, Ulmer und Singer. Bis heute gibt es für dieses Problem keine befriedigende Lösung.

Liouvillesche Lösungen.

Liouvillesche Lösungen sind Funktionen, die man aus den rationalen Funktionen durch sukzessives Einsetzen in verschachtelte algebraische Funktionen, Integrale und Exponentialfunktionen von Integralen konstruieren kann. Ein Beispiel für so eine Konstruktion ist

$$x \xrightarrow{\sqrt{\ }} \sqrt{x} \xrightarrow{\exp\int} \exp\left[\int\sqrt{x}\right].$$

Zu dieser Klasse gehören u.a. auch die trigonometrischen Funktionen und die Logarithmusfunktion. Mehr, sie umfaßt praktisch alle geschlossenen Funktionen. Eine wichtige Ausnahme hiervon bilden die Besselfunktionen und verschiedene andere spezielle Funktionen. Ein erster allgemeiner Algorithmus für diese

Klasse stammt von Singer (1981). Kovacic (1977) entwickelte ein Verfahren für Gleichungen zweiter Ordnung. An Verbesserungen und Erweiterungen auf Gleichungen höherer Ordnung arbeiten Singer, Ulmer, Weil und van Hoeij, um nur einige zu nennen.

Exponentielle Lösungen.

Exponentielle Lösungen sind Funktionen, deren logarithmische Ableitungen in k liegen. Ist y eine Lösung, dann ist y'/y ihre logarithmische Ableitung. Ein Beispiel dafür ist

$$y = \exp[x^3],$$

denn $y'/y = 3x^2$ liegt in k, falls k z.B. für die rationalen Funktionen steht. Diese Lösungen bilden im Zusammenhang mit Lösungsverfahren die bedeutendste Unterklasse der liouvilleschen Funktionen. Ein Algorithmus für diese Klasse ist die Voraussetzung für einen Algorithmus zur Bestimmung liouvillescher Lösungen. Glücklicherweise gibt es Algorithmen für exponentielle Lösungen. Der erste derartige Algorithmus stammt von E. Beke aus dem Jahr 1894.

Die Zuordnung von Funktionen zu einer dieser Klassen ist nicht immer eindeutig, z.B. könnte man die Funktion $y = \sqrt{x}$ sowohl zu den algebraischen Funktionen zählen als auch zu den Exponentiellen, denn es ist $y'/y = 1/2x \in k$. Darüber hinaus zu entscheiden, ob eine gegebene Funktion liouvillesch ist und wie man sie am einfachsten konstruieren könnte, ist ein hartes Problem.

1.2 Über die Entwicklung algebraischer Methoden

Als Begründer der algebraischen Methoden zur Lösung linearer Differentialgleichungen gilt J. Liouville. Ihm zu Ehren bezeichnet man heute noch häufig solche Gleichungen mit einem großen „L". Liouville gab 1833 ein Verfahren zur Berechnung rationaler Lösungen von linearen Differentialgleichungen mit rationalen Funktionen als Koeffizienten (siehe Lützen [56, S. 379]). Fast 100 Jahre früher kannte bereits Newton eine Methode, das sogenannte analytische Parallelogramm, für polynomiale Lösungen ([56, S. 377]).

Nachdem Liouville ein Verfahren für rationale Lösungen gefunden hatte, stellte er die Frage nach einem Algorithmus zur Bestimmung von algebraischen Lösungen linearer Differentialgleichungen zweiter Ordnung über den rationalen Funktionen. Mit diesem Problem sollten sich noch viele Mathematiker im letzten (und auch diesem) Jahrhundert beschäftigen. J. Liouville selbst hat bereits

1839 ein solches Verfahren veröffentlicht. Allerdings mußte hierbei der Grad des Minimalpolynoms einer algebraischen Lösung bekannt sein.

H. A. Schwarz [73] legt 1872 seine berühmte Liste vor, in der die Fälle der hypergeometrischen Differentialgleichung beschrieben sind, für die diese Gleichung algebraische Lösungen besitzt.

Neben den Lösungen anderer namhafter Mathematiker, wie z.B. P. Pépin, hat L. Fuchs [27, 28] in den Jahren 1875 bis 1878 eine Methode zur Berechnung algebraischer Lösungen entwickelt, die allein auf der Anwendung binärer Formen beruht. Dazu führte er „Primformen“ ein. Fuchs wollte die Frage klären, wann eine lineare Differentialgleichung zweiter Ordnung algebraische Lösungen besitzt. Er löste diese Frage durch Bestimmen der möglichen Ordnungen symmetrischer Potenzen solcher Differentialgleichungen, für die mindestens eine dieser symmetrischen Potenzen notwendig eine rationale Funktion zur Lösung haben muß. Dabei hat er – vermutlich ohne dies selbst zu bemerken – eine Methode aufgestellt, die sogar zur Bestimmung liouvillescher Lösungen irreduzibler linearer Differentialgleichungen zweiter Ordnung gültig bleibt.
In [27] Satz I No. 22 faßt Fuchs seine Bedingungen zusammen, von denen eine Differentialgleichung zweiter Ordnung mindestens eine erfüllen muß, um algebraische Lösungen zu besitzen. Klein, der sich auch mit diesem Thema beschäftigte, war ein wenig ungehalten über die Arbeit von Fuchs und nutzte seine Möglichkeiten als Herausgeber der Mathematischen Annalen später gelegentlich unfair aus, um den Streit öffentlich auszutragen. In seiner Lösung des Problems [43, 44] bemerkte Klein [43, S. 118], daß in der Fuchsschen Liste überflüssige Bedingungen enthalten sind. Fuchs reduziert daraufhin in seiner zweiten Abhandlung [28] diese Liste, gibt jedoch keine Tabelle und auch keinen zusammenfassenden Satz an. Trotzdem entsprechen seine reduzierten Bedingungen genau den Bedingungen, die auch in den heutigen Arbeiten auf diesem Gebiet zu finden sind.

Eine weitere Lösung der Frage, wann eine lineare Differentialgleichung algebraische Integrale besitzt, präsentierte C. Jordan 1878. Während Fuchs die Invariantentheorie und Klein die Verbindung von Invariantentheorie und Geometrie nutzte, griff Jordan auf die Gruppentheorie zurück. Seine Vorgehensweise war die erfolgreichste, denn sie gestattete, die Frage für Gleichungen beliebiger Ordnung zu lösen. Nach Jordan hat eine Gleichung genau dann nur algebraische Lösungen, wenn ihre Monodromiegruppe endlich ist.

Auf diesen Ergebnissen aufbauend gelang es A. Boulanger [9] 1898 in seiner Doktorarbeit, ein Verfahren zur Bestimmung aller algebraischen Lösungen einer linearen Differentialgleichung dritter Ordnung anzugeben. Allerdings konnte er nicht entscheiden, ob seine Lösungen tatsächlich algebraisch sind. Bis

heute fehlt ein befriedigendes Kriterium um zu entscheiden, wann eine gegebene lineare Differentialgleichung algebraische Integrale besitzt. Zwar geben Baldassari und Dwork [2] einen Algorithmus an, der genau die algebraischen Lösungen einer linearen Differentialgleichung zweiter Ordnung berechnet, doch hat letztendlich dieses wie alle anderen Verfahren auch damit zu kämpfen, daß es – modern gesprochen – keine a priori-Schranke für die symmetrischen Potenzen von Gleichungen mit imprimitiver Gruppe gibt (vgl. Proposition 3.2.4). In Katz [42, S. 14] wird gar vermutet, daß dieses Problem überhaupt nicht elegant zu lösen sei.
Mehr über die historische Entwicklung der Verfahren findet man beispielsweise in Gray [30] und in der Einleitung von Boulanger [9].

Um die Jahrhundertwende begründeten É. Picard und E. Vessiot die Differential-Galoistheorie, deren Hauptidee darin liegt, den engen Zusammenhang zwischen Differentialgleichungen und algebraischen Gleichungen zu nutzen. Die moderne Fassung dieser Theorie stammt vor allem von J. Ritt und E. R. Kolchin [48]. In dieser Theorie wird jeder linearen Differentialgleichung eine Differential-Galoisgruppe zugeordnet. Eine solche Galoisgruppe ist eine lineare algebraische Gruppe über dem Körper der Konstanten. In den meisten Fällen wird noch verlangt, daß der Konstantenkörper algebraisch abgeschlossen ist, weil unter diesen Voraussetzungen wichtige Eigenschaften der Differentialgleichung eng mit der Galoisgruppe verbunden sind (das sind die sogenannten Galoisbeziehungen).

Die heutigen Algorithmen zur Berechnung liouvillescher Lösungen linearer Differentialgleichungen basieren auf der Differential-Galoistheorie. Bei diesen Verfahren wird eine liouvillesche Lösung über das Minimalpolynom der logarithmischen Ableitung einer Lösung berechnet, denn wenn die Differentialgleichung eine liouvillesche Lösung besitzt, dann muß sie auch eine liouvillesche Lösung haben, deren logarithmische Ableitung algebraisch und von beschränktem Grad ist (Singer [74], Theorem 2.4). Ein spezielles Verfahren für Differentialgleichungen zweiter Ordnung stammt von Kovacic [49] und ist u.a. in Maple implementiert. Inzwischen findet man eine leichter verständliche Version dieses Algorithmus in Ulmer und Weil [89], welche ebenfalls in Maple implementiert ist. Seit kurzem ist der Ulmer-Weil-Algorithmus auch von Bronstein [14] in seiner Σ^{IT}-Library implementiert und kann beispielsweise über den interaktiven Server Bernina benutzt werden.

Der im Singer-Algorithmus für Differentialgleichungen $n$ter Ordnung angegebene und von n abhängige Grad für oben beschriebene Minimalpolynome ist so groß, daß wirkliches Rechnen unmöglich erschien. In der Arbeitsgruppe von J. Calmet gelang es Calmet zusammen mit F. Ulmer [19] und vor allem Ulmer in seiner Dissertation [85] diesen Grad wesentlich zu beschränken. Beispielsweise für Differentialgleichungen dritter Ordnung konnte der Grad eines zu konstruierenden Minimalpolynoms der logarithmischen Ableitung einer Lösung von 360 auf 36 gesenkt werden. Später bewiesen Singer und Ulmer, daß der Grad 36 für Gleichungen dritter Ordnung scharf ist [79].

Sind die Lösungen algebraisch, kann sogar das Minimalpolynom einer Lösung bestimmt werden. In Singer und Ulmer [79] wird dies durch die Erweiterung der Fuchsschen Methode auf beliebige Ordnung zur Lösung von Differentialgleichungen mit endlicher primitiver unimodularer Galoisgruppe genutzt. Für diese Methode muß zuerst für jede potentielle Galoisgruppe ein in Invarianten zerlegtes Minimalpolynom bestimmt werden. Auf diesem Ansatz basieren auch die in diesem Buch vorgestellten Verfahren für Differentialgleichungen zweiter und teilweise höherer Ordnung. Diese Verfahren erlauben die Berechnung der Lösungen via Formeln ([25, 26]). Implementiert sind diese Methoden im Computeralgebra-System MuPAD ([29]). Anders als bei den Arbeiten von Fuchs und von Singer und Ulmer werden hier die Syzygien zur Berechnung der Minimalpolynome herangezogen.

Vor kurzem erschien eine Arbeit von Singer und Ulmer [81], welche die Idee der von Fuchs eingeführten Primformen, also von Formen, die in paarweise verschiedene Linearfaktoren zerfallen, auf Differentialgleichungen beliebiger Ordnung erweitert. Dort wird auch ein Algorithmus für liouvillesche Lösungen von linearen Differentialgleichungen dritter Ordnung gegeben. Verbessert wurde dieser Algorithmus in van Hoeij, Ragot, Ulmer und Weil [93]. Mit dieser Verbesserung scheint der Algorithmus implementierbar, vorausgesetzt es gelingt, sowohl die Methode von van Hoeij und Weil [91] zur Berechnung rationaler Invarianten ohne symmetrische Potenzen als auch die absolute Faktorisierung von multivariaten Polynomen vernünftig zu implementieren.

Der aus den hier vorgestellten Methoden resultierende Algorithmus für Gleichungen dritter Ordnung ist sofort implementierbar, wenn die entsprechenden Formeln berechnet sein werden.

1.3 Ziele und Gliederung

Im Mittelpunkt dieses Buches steht die Entwicklung algebraischer Verfahren zur Lösung gewöhnlicher linearer Differentialgleichungen. Genauer es geht um allgemeine Vorgehensweisen, die es zu entscheiden gestatten, ob eine Differentialgleichung aus einer bestimmten Klasse von Differentialgleichungen eine Lösung aus einer bestimmten Klasse von Funktionen besitzt. Es geht hier dagegen nicht um spezielle Methoden, wie sie in jedem Buch über Differentialgleichungen zu finden sind.

Es sollen Algorithmen zur Bestimmung liouvillescher Lösungen von gewöhnlichen linearen Differentialgleichungen über den rationalen Funktionen entwickelt werden, die auf der Verbindung von Differential-Galoistheorie und Invariantentheorie beruhen. Dabei sollen die Verfahren möglichst leicht verständlich und leicht implementierbar sein und die Lösungen auf eine sehr explizite Art ausdrücken.

Die prinzipielle Lösungsstrategie für Differentialgleichungen bei den mechanischen Verfahren liegt in der graphischen Eingabe der Koeffizientenfunktionen, also im Abgreifen der Koeffizientengraphen, deren mechanische Integration und in der graphischen Ausgabe der Lösung. Bei den algebraischen Verfahren gibt man die Differentialgleichung symbolisch ein, verarbeitet sie maschinell mit Methoden der Differential-Galoistheorie und der Invariantentheorie und man bekommt eine algebraische Gleichung als Resultat zurück. Die Lösung der Differentialgleichung selber erhält man – indirekt – als eine Exponentialfunktion des Integrals einer Lösung der berechneten algebraischen Gleichung. Diese indirekte Methode beruht auf einem bekannten Satz von Singer (siehe Abschnitt 1.2). Dabei stellt sich die zunächst sehr umständlich wirkende Strategie als eine sehr wirkungsvolle Vorgehensweise heraus, um Differential-Probleme auf algebraische Probleme zurückzuführen. Aufgrund der Tatsache, daß es algebraische Funktionen gibt, die sich nur implizit als Lösung einer Polynomgleichung und nicht durch Wurzelausdrücke darstellen lassen, ist die Rückgabe einer algebraischen Gleichung in manchen Fällen unumgänglich.

Nichtsdestotrotz ermöglichen verfeinerte Strukturaussagen die Entwicklung von direkten Verfahren, d.h. von Verfahren mit denen die Lösungen direkt bestimmt werden können. Eine gegenüber Kovacic [49] verfeinerte Strukturaussage für liouvillesche Lösungen einer linearen Differentialgleichung zweiter Ordnung über den rationalen Funktionen erhält man leicht durch Zusammenfassen einiger Sätze dieses Buches:

Es sei $L(y) = y'' + a_1 y' + a_0 y = 0$ *eine lineare Differentialgleichung mit unimodularer Galoisgruppe und Koeffizienten aus den rationalen Funktionen über den komplexen Zahlen. Dann gilt für liouvillesche Lösungen von* $L(y) = 0$ *einer der folgenden 4 Fälle:*

Fall 1: $y_1 = \exp\left[\int r\right],\ y_2 = y_1 \int \exp\left[-\int 2r + a_1\right]$

Fall 1a: $y_{1,2} = \sqrt{r}\ \exp\left[\pm\frac{C}{2}\int\frac{W}{r}\right]$

Fall 2: $y_{1,2} = \sqrt[4]{r}\ \exp\left[\pm\frac{C}{2}\int\frac{W}{\sqrt{r}}\right]$

Fall 3: $\exists\, y_{1,2} : \ P(y_{1,2}) = 0$

Fall 4: *es gibt keine liouvillesche Lösung*

Dabei ist r eine geeignete unter der Galoisgruppe invariante rationale Funktion, C eine Konstante und W die Wronski-Determinante von $L(y) = 0$.

Dieser Satz erlaubt die liouvilleschen Lösungen von Differentialgleichungen zweiter Ordnung per Formeln zu berechnen. Ein derartiger Algorithmus muß dann zunächst eine geeignete rationale Funktion r bestimmen und anschließend noch eine dazu passende Konstante C. Anhand der zur Differentialgleichung gehörenden Galoisgruppe kann man die verschiedenen Fälle unterscheiden. Man kann daher gewissermaßen sagen, daß die Lösungen der Differentialgleichung bereits in der Gruppe „stecken". Der Fall 3 spiegelt die bereits weiter oben angesprochenen algebraischen Lösungen wieder, die sich (teilweise) nur implizit als Lösung einer Polynomgleichung darstellen lassen.
Bei Anwenden eines indirekten Verfahrens bekommt man beispielsweise für die hypergeometrische Differenialgleichung

$$L(y) = y'' + \frac{2x-1}{2x\,(x-1)}y' - \frac{1}{196x\,(x-1)}y = 0$$

das Riccati-Polynom

$$\left\{\mathrm{U}^2 - \frac{1}{196\,(-x+x^2)}\right\}$$

zurück. Eine wirkliche Lösung von $L(y) = 0$ ist dann $\exp\left[\int U\right]$. Mit der direkten Methode erhält man dagegen sofort die Lösungsmenge

$$\left\{\sqrt[14]{2x+\sqrt{(2x-1)^2-1}-1},\ \frac{1}{\sqrt[14]{2x+\sqrt{(2x-1)^2-1}-1}}\right\}.$$

Weiter ermöglicht die direkte Vorgehensweise auch noch Differentialgleichungen exakt auf einer Maschine zu lösen, die bisher so nicht gelöst werden konnten.

Das Buch ist wie folgt gegliedert. Im Rest dieses Kapitels werden die erzielten Resultate vorgestellt und prinzipielle Anmerkungen über die Möglichkeiten symbolischen Lösens von gewöhnlichen Differentialgleichungen gegeben. In Kapitel 2 werden die algebraischen Eigenschaften der Differential-Galoisgruppen auch im Zusammenhang mit der Invariantentheorie diskutiert und Grundbegriffe der Gruppentheorie und Darstellungstheorie eingeführt. Die wohl tiefstliegende Tatsache der Differential-Galoistheorie bildet der Zusammenhang zwischen den rationalen Funktionen und Lösungen von Differentialgleichungen.
Eine neue Methode zur Berechnung von liouvilleschen Lösungen linearer Differentialgleichungen zweiter Ordnung wird in Kapitel 3 vorgestellt. Die Mittel

der Galoistheorie und insbesondere der Invariantentheorie gestatten es sogar, die Lösungen durch Einsetzen in Formeln zu berechnen bzw. in drei Ausnahmefällen das Minimalpolynom einer Lösung zu bestimmen, wiederum durch Einsetzen in Formeln.
Anschließend wird in Kapitel 4 durch Ausnutzen von Eigenschaften gewöhnlicher linearer Differentialoperatoren ein allgemeines Verfahren für lineare Differentialgleichungen $n$ter Ordnung gegeben, welches ein Fundamentalsystem liouvillescher Lösungen berechnet, falls solche Lösungen existieren, während die bekannten Verfahren mit denselben Hilfsmitteln nur eine liouvillesche Lösung finden. Auch wird die Vorgehensweise aus dem vorhergehenden Kapitel für den Fall einer primitiven Galoisgruppe auf viele Differentialgleichungen beliebiger Ordnung erweitert.
Mit den Vorberechnungen für ein Verfahren dritter Ordnung in Kapitel 5 für den primitiven Fall wird eine von A. Hurwitz im Jahr 1886 aufgestellte Differentialgleichung dritter Ordnung *erstmals* in geschlossener Form gelöst. Diese Vorberechnungen erlauben weiter, eine hinreichende Schranke für die Grade von rationalen Invarianten anzugeben. Das ist insbesondere deshalb von Bedeutung, weil dadurch eine Implementierung für ein Verfahren dritter Ordnung erst ermöglicht wird.
Kapitel 6 enthält eine Zusammenfassung und einen einfach gehaltenen Überblick. Daher eignet es sich auch als ein erster Einstieg in die algebraischen Methoden zur Lösung linearer Differentialgleichungen.
Die in diesem Buch entwickelten Algorithmen sind größtenteils im Computeralgebra-System MuPAD implementiert und bereits in der Version MuPAD 1.4 vom 9. Februar 1998 enthalten. Die Implementierungen werden im Anhang A beschrieben. Zusätzlich enthält Anhang B eine Referenz der Befehle.

1.4 Resultate

In diesem Buch werden erneut die Ideen von Fuchs aufgegriffen und durch die Anwendung der Invariantentheorie neu formuliert und präzisiert. Für jede irreduzible Differentialgleichung zweiter Ordnung mit algebraischen Lösungen wird zu jeder potentiell möglichen Galoisgruppe ein in Invarianten zerlegtes Minimalpolynom berechnet. In Satz 3.1.1 wird zu allen endlichen unimodularen imprimitiven Gruppen zweiter Ordnung ein in Invarianten zerlegtes Minimalpolynom gegeben. Bisher war nur speziell für die Quaternionengruppe ein solches Minimalpolynom bekannt, siehe [88]. Es wird gezeigt, wie einfach man die bekannten Bedingungen für Galoisgruppen [49, 78, 89] mit Methoden der Invariantentheorie herleiten kann (Korollar 3.2.2, Proposition 3.2.4 und Ko-

rollar 3.2.5). Aus diesen Bedingungen erhält man ein alternatives Verfahren zur Berechnung liouvillescher Lösungen (Algorithmus 3.3.8). Anders als bei den bekannten Algorithmen [49, 79, 89] werden für irreduzible lineare Differentialgleichungen zweiter Ordnung – abgesehen von drei Ausnahmefällen – alle liouvilleschen Lösungen durch Lösungsformeln, ohne den Umweg über deren Minimalpolynome, berechnet (Satz 3.3.2).
In den drei Ausnahmefällen wird ein Minimalpolynom einer Lösung durch die ausschließliche Verwendung absoluter Invarianten und ihrer Syzygien aus einer rationalen Lösung – je nach Fall – der 6ten, 8ten oder 12ten symmetrischen Potenz der Differentialgleichung und aus der Bestimmung ihrer zugehörigen Konstante gewonnen. Die Konstante und damit auch das Minimalpolynom einer Lösung werden wiederum über Lösungsformeln bestimmt (Lemma 3.3.6 und Satz 3.3.7). In [27, S. 100] und [79, S. 67] muß hierfür noch ein in Invarianten zerlegtes Minimalpolynom in die Differentialgleichung eingesetzt werden, was sehr aufwendig ist.
Es ist möglich, den hier vorgestellten Algorithmus zur Lösung linearer Differentialgleichungen zweiter Ordnung mindestens auf Differentialgleichungen von Primzahlordnung zu erweitern. Teilweise wurde dies für Differentialgleichungen dritter Ordnung durchgeführt.

Ein Verfahren zur Berechnung liouvillescher Lösungen von Differentialgleichungen $n$ter Ordnung wird mit Algorithmus 4.3.2 gegeben, der mit denselben Hilfsmitteln wie das Verfahren aus [93, Section 3], nicht wie dort mindestens *eine*, sondern *alle* liouvilleschen Lösungen bestimmen kann, falls solche Lösungen existieren. Allerdings erfordert eine derartige Methode auch ein Verfahren für irreduzible Differentialgleichungen $n$ter Ordnung, wofür es bisher noch keine Implementierung gibt, d.h. Algorithmus 4.3.2 kann derzeit zwar als ein theoretisches, nicht aber als ein praktisches bzw. maschinelles Entscheidungsverfahren eingesetzt werden. Vor demselben Problem steht der speziell für Differentialgleichungen bis zur dritten Ordnung entwickelte Algorithmus 4.4.1. Doch ist dieser Algorithmus gegenüber dem allgemeinen Algorithmus 4.3.2 etwas effizienter.

Das Verfahren für Differentialgleichungen zweiter Ordnung mit unimodularer primitiver Galoisgruppe konnte auf viele Differentialgleichungen beliebiger Ordnung mit unimodularer primitiver Galoisgruppe erweitert werden (Proposition 4.5.1). Dieses Verfahren erfordert die explizite Kenntnis der Galoisgruppe und ihres Invariantenringes und nutzt ein vorberechnetes, in Invarianten zerlegtes Minimalpolynom für diese Gruppe. Eine effiziente Methode zur Berechnung solcher Minimalpolynome wird durch Proposition 4.6.3 ermöglicht (Algorithmus 4.6.4). Für die primitiven Untergruppen der SL(3, $\mathcal{C}$) wurden die in Invarianten zerlegten Minimalpolynome bis auf eine Ausnahme berechnet (Abschnitt 5.1). Dabei wurden die Invarianten so bestimmt, daß aus möglichst wenigen

Grundinvarianten kleinen Grades die restlichen Invarianten mit den klassischen Methoden und Algorithmus 4.12 aus [21] konstruiert werden können. Das führt auf eine obere Schranke für den Grad der Grundinvarianten, welche hinreichend ist, um liouvillesche Lösungen linearer Differentialgleichungen dritter Ordnung mit primitiver unimodularer Galoisgruppe berechnen zu können (Proposition 5.2.2).
Mit der erweiterten Methode für Gleichungen mit primitiver unimodularer Galoisgruppe konnte nun nach über 110 Jahren eine von Hurwitz 1886 aufgestellte Differentialgleichung dritter Ordnung erstmals in geschlossener Form gelöst werden.

Im Rahmen dieses Buches entstanden Implementierungen in den Computeralgebra-Systemen AXIOM 1.2 und MuPAD, die praktisch alle vorgestellten Algorithmen und noch einiges mehr enthalten. Da es nicht möglich war, die Ergebnisse aus den Implementierungen in AXIOM 1.2 auf AXIOM 2.x zu portieren, und die neue Library damals sehr spartanisch ausgestattet war, wurde außer den Vorberechnungen keine weitere Implementierung mehr in AXIOM vorgenommen. Alle Lösungsverfahren sind in MuPAD implementiert. Allein diese Implementierungen betragen über 200 KByte und sind vollständig in der Version MuPAD 1.4 enthalten.

1.5 Anmerkungen

Die Implementierungen bilden einen wichtigen Bestandteil dieses Buches. Zum einen kann man daran die Funktionsweise der Algorithmen überprüfen und zum anderen kann anhand von vielen Beispielen die Effizienz der Verfahren getestet werden (Benchmark). Dies ist insbesondere deshalb wichtig, weil es für derart komplexe Algorithmen keine vernünftigen Aufwandsabschätzungen gibt. Die Algorithmen hängen vom Grad der Gleichung, aber vor allem von der Anzahl und Lage der Singularitäten der Koeffizienten der Gleichungen ab. Sind dabei algebraische Erweiterungen involviert, würde eine Analyse bei weitem den Aufwand für die Entwicklung der Algorithmen übersteigen. Und selbst wenn es Aufwandsabschätzungen gäbe, wäre ihre Aussagekraft sehr beschränkt. Beispielsweise ist der Aufwand des Buchberger-Algorithmus zur Berechnung von Gröbner-Basen für ein Polynomideal, das von Polynomen vom Grad höchstens d erzeugt wird, in $O(2^{2^d})$ (siehe Cox, Little und O'Shea [20, S. 109]), also hyperexponentiell und man könnte meinen, dieser Algorithmus sei damit gänzlich unbrauchbar. Um so überraschender ist es, daß man mit diesem Verfahren in der Praxis häufig gute Ergebnisse erzielen kann, oft sogar in vernünftiger Zeit.

Die hier entwickelten Verfahren erlauben Differentialgleichungen zu lösen, die gegenwärtig mit keinem anderen gängigen Computeralgebra-System direkt gelöst werden können. Ein Beispiel dafür ist die im Anhang A konstruierte Gleichung

$$T(y) = y''' + \frac{2x^2-1}{2x(x-1)}y'' + \frac{196x^3-491x^2+295x-98}{196x^2(x-1)^2}y' + \frac{-x^2+3x-1}{196x^2(x-1)^2}y = 0,$$

welche dort auch gelöst wird. Damit hat man gleich ein Gegenbeispiel zu der weit verbreiteten Ansicht zur Hand, daß heutige Computeralgebra-Systeme in der Lage seien, alle geschlossenen Lösungen von gewöhnlichen Differentialgleichungen zu berechnen, falls solche Lösungen existieren. Zum Beispiel heißt es im „neuen Bronstein“ [10, S. 422] zu Beginn des Kapitels über gewöhnliche Differentialgleichungen:

> **Die Lösung von Differentialgleichungen mit Mathematica:** Dieses Softwaresystem erlaubt die numerische Lösung und die Darstellung von Lösungen durch geschlossene Formeln, falls das möglich ist.

Hier irrt das ansonsten sehr zu empfehlende Taschenbuch, denn man erhält für obige Gleichung in Mathematica 3.0:

```
In[1]:= Ty=y'''[x]+(2*x^2-1)/(2*x*(x-1))*y''[x]+
        (196*x^3-491*x^2+295*x-98)/(196*x^2*(x-1)^2)*y'[x]+
        (-x^2+3*x-1)/(196*x^2*(x-1)^2)*y[x];

In[2]:= DSolve[Ty==0,y[x],x]

Out[2]=

                          2
           (-1 + 3 x - x ) y[x]
DSolve[-------------------- +
                       2  2
             196 (-1 + x)  x

                             2           3
      (-98 + 295 x - 491 x  + 196 x ) y'[x]
      -------------------------------------- +
                                  2  2
                    196 (-1 + x)  x

                2
      (-1 + 2 x ) y''[x]      (3)
      ------------------ + y     [x] == 0, y[x], x]
         2 (-1 + x) x
```

obwohl zum Beispiel die Funktion $y = \exp[\operatorname{acosh}(2x-1)/14]$ die Differentialgleichung $T(y) = 0$ löst. Trotzdem ist dieses Beispiel ein positives Ergebnis, denn man kann die Gleichung ja tatsächlich mit einem Computeralgebra-System lösen. Doch das sollte nicht darüber hinwegtäuschen, daß es nie möglich sein wird, obigen Satz vollständig zu erfüllen. Vielmehr wird man diese Aufgabe stets nur lösen können für eine Klasse von geschlossenen Lösungsfunktionen bezogen auf eine Klasse von Differentialgleichungen.

Damit ist auch mit Erscheinen dieses Buches das Problem des exakten Lösens von gewöhnlichen Differentialgleichungen noch lange nicht gelöst. Selbst wenn nun in absehbarer Zeit implementierte Algorithmen für lineare Differentialgleichungen mit rationalen Funktionen als Koeffizienten verfügbar sein werden, bleiben doch die Erweiterung auf liouvillesche Koeffizienten und das noch weit größere Problem nicht linearer Differentialgleichungen.

Kapitel 2

Grundlagen

In diesem Kapitel werden einige Grundbegriffe der Gruppentheorie und der Darstellungstheorie eingeführt. Weiter werden die algebraischen Eigenschaften von Differential-Galoisgruppen auch im Zusammenhang mit der Invariantentheorie diskutiert. Diese Eigenschaften haben Auswirkungen auf die Lösungen von Differentialgleichungen. Auch werden die Existenz und Eindeutigkeit von exakten Lösungen und deren Definitionsgebiet besprochen.
Die in diesem Kapitel eingeführten mathematischen Grundlagen und Begriffe sind für das weitere Verständnis völlig ausreichend. Ausführlichere Einführungen findet man in der in den jeweiligen Abschnitten angegebenen Literatur.

2.1 Begriffe aus der Gruppentheorie

Es sei $\mathcal{C}$ ein algebraisch abgeschlossener Körper von Charakteristik 0. Weiter sei V ein endlichdimensionaler Vektorraum mit Dimension n über $\mathcal{C}$ und G eine Untergruppe der allgemeinen linearen Gruppe $\mathrm{GL}(V)$. Die hier vorgestellten Begriffe findet man beispielsweise leicht verständlich in Meyberg [58].
Jeder Gruppenhomomorphismus

$$\rho : G \longrightarrow \mathrm{GL}(V)$$

heißt eine *Darstellung* von G in V. Die Dimension von V bezeichnet man als *Grad* bzw. Dimension der Darstellung ρ und V als *Darstellungsraum*, Darstellungsmodul oder als G-Modul. Ein Homomorphismus $R : G \longrightarrow \mathrm{GL}(n, \mathcal{C})$ heißt *Matrixdarstellung* von G über $\mathcal{C}$ vom Grad n. Durch die Wahl einer Basis von V liefert jede Darstellung eine Matrixdarstellung und umgekehrt.
Zwei Darstellungen $\rho_i : G \longrightarrow \mathrm{GL}(V_i)$ sind *äquivalent* ($\rho_1 \cong \rho_2$), wenn es einen

$\mathcal{C}$-Vektorraumisomorphismus $T: V_1 \longrightarrow V_2$ gibt, mit $\rho_2(g) = T \circ \rho_1(g) \circ T^{-1}$ für alle $g \in G$. Im Falle einer Matrixdarstellung ist T eine invertierbare Matrix. Eine injektive Darstellung ρ nennt man auch eine *treue* Darstellung. Eine treue Darstellung bildet die Gruppe G isomorph auf ihr Bild, eine Untergruppe der $\mathrm{GL}(V)$, ab.

Ein Unterraum $U \subset V$ heißt *G-invariant*, falls $\rho(g)(U) \subseteq U$ für alle $g \in G$. Sind V und $\{0\}$ die einzigen G-invarianten Unterräume von V, so wird die Gruppe G als *irreduzibel* bezeichnet, andernfalls als *reduzibel*. Genauer, man nennt G sogar *vollständig reduzibel*, falls es (minimale) irreduzible G-invariante Unterräume $V_1, \ldots, V_r$ gibt mit $V = V_1 \oplus \cdots \oplus V_r$. Nach dem berühmten Satz von Maschke sind alle endlichen Untergruppen der $\mathrm{GL}(V)$ vollständig reduzibel. Ist jedoch beispielsweise G die unendliche Gruppe

$$\left\{ \begin{pmatrix} 1 & 0 \\ a & 1 \end{pmatrix} : a \in \mathbb{Z} \right\}$$

und V der Darstellungsraum $\mathcal{C}^2$, versehen mit der gewöhnlichen Multiplikation mit Elementen von G (so daß für $v \in V$, $g \in G$ der Vektor vg gerade das Produkt aus Zeilenvektor v mit der Matrix g ist), gilt der Satz von Maschke nicht mehr. Die Gruppe ist zwar reduzibel, aber nicht vollständig reduzibel, denn der Darstellungsraum besitzt zwar den von $\langle (1,0) \rangle$ erzeugten eindimensionalen G-invarianten Unterraum, jedoch hat dieser kein Komplement.

Eine irreduzible Gruppe $G \subseteq \mathrm{GL}(n, \mathcal{C})$ heißt *imprimitiv*, falls es Unterräume $V_1, \ldots, V_r$ $(r > 1)$ gibt mit $V = V_1 \oplus \cdots \oplus V_r$ und für jedes $g \in G$ die Abbildung $V_i \to g(V_i)$ eine Permutation der Menge $\{V_1, \ldots, V_r\}$ ist, d.h. falls es eine echte Zerlegung des Vektorraums V in sogenannte *Imprimitivitätsgebiete* gibt. Sind zusätzlich alle Unterräume V_i eindimensional, dann heißt G *monomial* (siehe Singer und Ulmer [78], S. 11).
Die Elemente (Matrizen) einer imprimitiven Gruppe unterscheiden sich von Elementen einer reduziblen Matrixgruppe in der Anordnung der Blöcke. Während bei den reduziblen Gruppen die Blöcke entlang der Hauptdiagonale angeordnet sind, werden bei den imprimitiven Gruppen aufgrund der Permutation der Unterräume die Blöcke permutiert, und zwar echt permutiert, weil imprimitive Gruppen nach Definition irreduzibel sind. Daraus folgt auch, daß alle Unterräume notwendig dieselbe Dimension haben.
Eine irreduzible Gruppe $G \subseteq \mathrm{GL}(n, \mathcal{C})$, die nicht imprimitiv ist, heißt *primitiv*. Man nennt eine Gruppe $G \subseteq \mathrm{GL}(n, \mathcal{C})$, deren Elemente einen gemeinsamen Eigenvektor besitzen, *1-reduzibel* (siehe Singer und Ulmer [78], S. 11).

Ein wesentlicher Teil der Information einer (Matrix-)Darstellung ist bereits in den Eigenschaften ihrer Spuren enthalten. Man nennt die Spur eines Elementes

A einer Darstellung ρ auch *Charakter* $\chi_\rho(A)$. Mit Hilfe der Orthogonalitätsrelationen (siehe z.B. [58, Satz 9.5.6]) können Darstellungen endlicher Gruppen auf Irreduzibilität getestet werden ([58, Satz 9.6.4]).

Es sei noch erwähnt, daß eine Untergruppe G der speziellen linearen Gruppe $\mathrm{SL}(n, \mathcal{C})$ (das ist die Menge aller $A \in \mathrm{GL}(n, \mathcal{C})$ mit $\det(A) = 1$) als *unimodular* bezeichnet wird.

2.2 Differential-Galoistheorie

Für genaue Definitionen der im folgenden eingeführten Begriffe sei auf Kaplansky [41], Kolchin [48] und Singer [75] verwiesen.

Funktionen, die man aus den rationalen Funktionen durch sukzessives Adjungieren verschachtelter Integrale, Exponentialfunktionen von Integralen, algebraischer Funktionen und Zahlen erhält, sind die *liouvilleschen Funktionen.*
Ein *Differentialkörper* $(k, ')$ ist ein Körper k zusammen mit einer Derivation $'$ in k. Die Menge der Konstanten $\mathcal{C} = \{a \in k \mid a' = 0\}$ bildet einen Unterkörper von $(k, ')$.
Es sei $\mathcal{C}$ algebraisch abgeschlossen und k sei von Charakteristik 0. Im folgenden bezeichne

$$L(y) = y^{(n)} + a_{n-1}y^{(n-1)} + \ldots + a_1y' + a_0y = 0 \qquad (a_i \in k) \tag{2.1}$$

stets eine gewöhnliche homogene lineare Differentialgleichung über k und die Menge $\{y_1, \ldots, y_n\}$ ihr Fundamentalsystem. Durch Erweiterung der Derivation $'$ auf ein Fundamentalsystem von Lösungen und durch Adjunktion dieser Lösungen und deren Ableitungen an k so, daß der Konstantenkörper $\mathcal{C}$ unverändert bleibt, erhält man $K = k < y_1, \ldots, y_n >$, die *Picard-Vessiot Erweiterung* (PVE) von $L(y) = 0$. Mit obigen Voraussetzungen existiert die PVE von $L(y) = 0$ immer und ist bis auf Differential-Isomorphie eindeutig bestimmt. Sie übernimmt für eine Differentialgleichung dieselbe Rolle wie ein Zerfällungskörper für eine Polynomgleichung.
Die Menge aller Automorphismen von K, welche k elementweise fix lassen und mit der Derivation in K kommutieren, ist eine Gruppe, die *Differential-Galoisgruppe* $\mathcal{G}(K/k) = \mathcal{G}(L)$ von $L(y) = 0$. Aufgrund der Forderung, daß Automorphismen und Derivation kommutieren müssen, bilden diese Automorphismen eine Lösung wieder auf eine Lösung ab. Dadurch operiert die $\mathcal{G}(L)$ auf dem $\mathcal{C}$-Vektorraum der Fundamentallösungen und man bekommt eine treue Matrixdarstellung der $\mathcal{G}(L)$, d.h. $\mathcal{G}(L)$ ist isomorph zu einer Untergruppe der

$\mathrm{GL}(n, \mathcal{C})$. Genauer, sie ist isomorph zu einer linearen algebraischen Gruppe. Ferner existiert eine (Differential-)Galoisbeziehung zwischen linearen algebraischen Untergruppen der $\mathcal{G}(L)$ und Differentialunterkörpern von K/k (siehe Kaplansky [41], Theorem 5.5 und 5.9).
Die Wahl eines anderen Fundamentalsystems führt auf eine äquivalente Darstellung. Es gehört also zu jeder Differentialgleichung $L(y) = 0$ bis auf Äquivalenz genau eine Darstellung von $\mathcal{G}(L)$.
In der Struktur von $\mathcal{G}(L)$ findet man viele Eigenschaften von $L(y) = 0$ und seinen Lösungen. Eine wichtige solche Eigenschaft ist: Die Zusammenhangskomponente der Identität $\mathcal{G}(L)^\circ$ von $\mathcal{G}(L)$ ist in der Zariski-Topologie auflösbar genau dann, wenn K eine liouvillesche Erweiterung von k ist (siehe Kolchin [48], Abschnitt 25, Theorem). Damit hat man ein Kriterium, wann eine lineare Differentialgleichung $L(y) = 0$ liouvillesche Lösungen besitzt.

Ein gewöhnliches homogenes lineares Differentialpolynom $L(y)$ heißt *reduzibel* über k, falls es zwei homogene lineare Differentialpolynome $L_1(y)$ und $L_2(y)$ positiver Ordnung über k gibt mit $L(y) = L_2(L_1(y))$, andernfalls heißt es *irreduzibel*. $L(y) = 0$ ist reduzibel genau dann, wenn die zugehörige Darstellung von $\mathcal{G}(L)$ reduzibel ist (siehe Kolchin [48], Abschnitt 22, Theorem 1). Besitzt eine irreduzible lineare Differentialgleichung $L(y) = 0$ eine liouvillesche Lösung über k, dann sind alle Lösungen von $L(y) = 0$ liouvillesch über k (siehe Singer [74], Theorem 2.4). Ist $L(y) = 0$ reduzibel, kann es neben möglicherweise existierenden liouvilleschen Lösungen auch nicht-liouvillesche Lösungen geben.
Eine Differentialgleichung zweiter Ordnung besitzt entweder nur liouvillesche Lösungen oder keine liouvillesche Lösung (siehe z.B. Ulmer und Weil [89], Abschnitt 1.2).

2.3 Invarianten

Die hier informell eingeführten Begriffe findet der Leser z.B. in Sturmfels [83], Springer [82] oder Schur [71] exakt definiert.

Es sei V ein endlich-dimensionaler $\mathcal{C}$-Vektorraum und G eine lineare Untergruppe der $\mathrm{GL}(V)$. Eine *(absolute) Invariante* ist eine Polynomfunktion $f \in \mathcal{C}[V]$, die sich unter der Gruppenoperation nicht ändert, d.h. es gilt $f = f \circ g$ für alle $g \in G$. Unterscheiden sich f und $f \circ g$ für ein $g \in G$ um einen konstanten Faktor $c \in \mathcal{C}$, heißt die Polynomfunktion f *relative Invariante*. Die Invarianten bilden den *Invariantenring* $\mathcal{C}[V]^G$. Bei den hier wichtigen irreduziblen Gruppen $G \in \mathrm{GL}(V)$ sind die Invariantenringe $\mathcal{C}[V]^G$ nach dem Endlichkeitssatz von Hilbert (siehe z.B. Sturmfels [83]) endlich erzeugt.
Eine minimale Menge $\{I_1, \ldots, I_m\}$ von Invarianten einer Gruppe $G \in \mathrm{GL}(V)$

heißt *Basis für die Invarianten* von G, falls sich alle Invarianten dieser Gruppe durch die Invarianten $I_1, \ldots, I_m$ erzeugen (darstellen) lassen, d.h. wenn $\mathcal{C}[I_1, \ldots, I_m] = \mathcal{C}[V]^G$ gilt. Man nennt in diesem Fall $I_1, \ldots, I_m$ *Fundamentalinvarianten* von $\mathcal{C}[V]^G$. Nichttriviale algebraische Relationen zwischen den Fundamentalinvarianten bezeichnet man als *Syzygien*.
Für endliche Gruppen $G \in \mathrm{GL}(V)$ bildet der *Reynolds-Operator* $R_G(f) = \frac{1}{|G|}\sum_{g\in G} f \circ g$ eine Polynomfunktion $f \in \mathcal{C}[V]$ auf die Invariante $R_G(f) \in \mathcal{C}[V]^G$ ab. Mit der *Hesseschen Determinante* $H(I_1) = \det\left(\frac{\partial^2 I_1}{\partial v_i \partial v_j}\right)$, der *geränderten Hesseschen Determinante*

$$bH(I_1, I_2) = \det \begin{pmatrix} \frac{\partial^2 I_1}{\partial v_1 \partial v_1} & \cdots & \frac{\partial^2 I_1}{\partial v_1 \partial v_n} & \frac{\partial I_2}{\partial v_1} \\ \vdots & & \vdots & \vdots \\ \frac{\partial^2 I_1}{\partial v_n \partial v_1} & \cdots & \frac{\partial^2 I_1}{\partial v_n \partial v_n} & \frac{\partial I_2}{\partial v_n} \\ \frac{\partial I_2}{\partial v_1} & \cdots & \frac{\partial I_2}{\partial v_n} & 0 \end{pmatrix}$$

und der *Jacobischen Determinante* $J(I_1, \ldots, I_n) = \det\left(\frac{\partial I_i}{\partial v_j}\right)$ können aus Invarianten $I_1(\mathbf{v}), \ldots, I_n(\mathbf{v})$ weitere Invarianten erzeugt werden (siehe z.B. [83, 82, 71]).
Molien- und *Hilbert-Reihe* eines Invariantenringes (siehe z.B. Sturmfels [83]) erlauben zu entscheiden, ob eine Menge von Invarianten bereits den gesamten Invariantenring erzeugt.

Es sei V_L der Vektorraum der Fundamentallösungen von $L(y) = 0$ und $I(\mathbf{v}) \in \mathcal{C}[V_L]^{\mathcal{G}(L)}$ eine Invariante von $\mathcal{G}(L)$. Setzt man die Fundamentallösungen in die Invariante $I(\mathbf{v})$ ein und beachtet, daß die Galoisgruppe $\mathcal{G}(L)$ genau die Elemente $a \in k$ invariant läßt, dann muß notwendig $I(y_1, \ldots, y_n)$ ein Element von k sein. Ein wichtiges Hilfsmittel zur Berechnung solcher Elemente sind die symmetrischen Potenzen von $L(y) = 0$.
Die $m$te *symmetrische Potenz* $L^{\circledS m}(y) = 0$ von $L(y) = 0$ ist die Differentialgleichung, deren Lösungsraum genau aus den $m$ten Potenzprodukten von Lösungen von $L(y) = 0$ besteht. Ein Algorithmus zu deren Konstruktion ist beispielsweise in Singer und Ulmer [78, S. 20f] oder Fakler [21, S. 14ff] beschrieben, eine effizientere Variante in Bronstein, Mulders und Weil [17].

2.4 Algebraische Lösungen

In diesem Abschnitt werden kurz wichtige Eigenschaften linearer Differentialgleichungen mit algebraischen Lösungen zitiert. Die im folgenden benutzte

Voraussetzung eines algebraisch abgeschlossenen Konstantenkörpers garantiert die Existenz einer Picard-Vesiot Erweiterung.

Satz 2.4.1 *(vgl. [87], Theorem 2.2; [74], Theorem 2.4)*
Es sei k ein Differentialkörper mit Charakteristik 0 und algebraisch abgeschlossenem Konstantenkörper. Besitzt eine irreduzible lineare Differentialgleichung $L(y) = 0$ eine algebraische Lösung, dann gilt

- *alle Lösungen sind algebraisch,*
- *$\mathcal{G}(L)$ ist endlich und*
- *die PVE von $L(y) = 0$ ist normal und stimmt ferner mit dem Zerfällungskörper $k(y_1, \ldots, y_n)$ überein.*

Viele Aussagen über Differentialgleichungen setzen meist eine unimodulare Differential-Galoisgruppe von $L(y) = 0$ voraus.

Satz 2.4.2 *([41], S. 41; [79], Theorem 1.2)*
Es sei $L(y)$ eine lineare Differentialgleichung der Form (2.1). Dann ist $\mathcal{G}(L)$ unimodular genau dann, wenn es ein $W \in k$ gibt mit $\frac{W'}{W} = a_{n-1}$.

Mit der Variablentransformation $y = z \cdot \exp\left(-\frac{\int a_{n-1}}{n}\right)$ kann jede lineare Differentialgleichung $L(y) = 0$ in eine lineare Differentialgleichung

$$L_{\mathrm{SL}}(z) = z^{(n)} + b_{n-2}z^{(n-2)} + \ \ldots \ + b_1 z' + b_0 z = 0 \qquad (b_i \in k)$$

transformiert werden. Nach Satz 2.4.2 ist $\mathcal{G}(L_{\mathrm{SL}})$ unimodular. Für Differentialgleichungen zweiter Ordnung ist $L_{\mathrm{SL}}(z) = z'' + \left(a_0 - \frac{a_1^2}{4} - \frac{a_1'}{2}\right) z = 0$. Unter solch einer Transformation hat $L(y) = 0$ liouvillesche Lösungen genau dann, wenn $L_{\mathrm{SL}}(z) = 0$ liouvillesche Lösungen hat. Des weiteren gilt: Besitzt $L(y) = 0$ nur algebraische Lösungen, dann hat $L_{\mathrm{SL}}(z) = 0$ ebenfalls nur algebraische Lösungen (siehe [87], S. 184).

Satz 2.4.3 *(vgl. [79], Corollary 1.4)*
Es sei $k \subset K$ ein Differentialkörper der Charakteristik 0, und der gemeinsame Körper der Konstanten von k und K sei algebraisch abgeschlossen. Ist $y \in K$ algebraisch über k und y'/y algebraisch vom Grad m über k, dann kann das Minimalpolynom $P(\mathbf{Y})$ von y über k dargestellt werden als

$$P(\mathbf{Y}) = \mathbf{Y}^{d \cdot m} + a_{m-1}\mathbf{Y}^{d \cdot (m-1)} + \ldots + a_0 = \prod_{\tau \in \mathcal{T}} (\mathbf{Y}^d - (\tau(y))^d), \qquad (2.2)$$

für $a_j \in k$, $[k(y) : k(y'/y)] = d = |H/N|$, H/N *zyklisch,* $H = \mathcal{G}(K/k(y'/y))$ *eine 1-reduzible Untergruppe von* $G = \mathcal{G}(K/k)$, N *ein Normalteiler von* H *und* $\mathcal{T}$ *ein Vertretersystem der Linksnebenklassen von* H *in* G *von minimalem Index* m.

2.5 Existenz von globalen Lösungen

Für ein einfach zusammenhängendes Gebiet D der komplexen Zahlenebene $\mathbb{C}$ gilt der folgende Existenz- und Eindeutigkeitssatz für Lösungen von gewöhnlichen linearen Differentialgleichungen.

Satz 2.5.1 *(vgl. Jank und Volkmann [38] Satz 20.1 und Bemerkung 20.3)* *Es sei* D *ein einfach zusammenhängendes Gebiet in* $\mathbb{C}$ *und* a_i $(i = 0, \ldots, n-1)$ *holomorph auf* D. *Eine homogene lineare Differentialgleichung*

$$L(y) = y^{(n)} + a_{n-1}y^{(n-1)} + \ \ldots \ + a_1 y' + a_0 y = 0 \tag{2.3}$$

mit der Anfangsbedingung

$$\begin{aligned} y(x_0) &= \alpha_0 \\ &\vdots \\ y^{(n-1)}(x_0) &= \alpha_{n-1} \end{aligned} \tag{2.4}$$

im Punkt $x = x_0 \in D$ *besitzt eine eindeutige holomorphe Lösung* y *auf* D, *welche sowohl (2.3) als auch (2.4) erfüllt.*

Damit wird die Existenz sogenannter „globaler" Lösungen von $L(y) = 0$, also von Lösungen, die sich uneingeschränkt holomorph in das Holomorphiegebiet D der Koeffizienten a_i fortsetzen lassen, garantiert.
Verzichtet man auf die Anfangsbedingung (2.4), läßt sich aus Satz 2.5.1 auch leicht die Vektorraumstruktur der Lösungsmenge V_L von $L(y) = 0$ ableiten.
Es seien $y_1, \ldots, y_m \in V_L$ Lösungen von $L(y) = 0$ und es sei $u = \sum_{i=1}^m \lambda_i y_i$ mit $\lambda_i \in \mathbb{C}$. Dann ist auch u eine Lösung von $L(y) = 0$, denn es gilt

$$L(u) = L(\sum_{i=1}^m \lambda_i y_i) = \sum_{i=1}^m L(\lambda_i y_i) = \sum_{i=1}^m \lambda_i L(y_i) = 0.$$

Der Lösungsraum V_L besitzt die Dimension $\dim_{\mathbb{C}} V_L = \operatorname{ord} L = n$. Um dies einsehen zu können, definiert man für $u \in V_L$ die Abbildung

$$\varphi : u \longrightarrow \begin{pmatrix} u(x_0) \\ \vdots \\ u^{(n-1)}(x_0) \end{pmatrix} \in \mathbb{C}^n,$$

welche jeder Lösung einen n-dimensionalen Vektor zu einem fest gewählten Punkt $x_0 \in \mathbb{C}$ zuordnet. Die Abbildung φ ist eine lineare Abbildung von V_L nach $\mathbb{C}^n$. Zu jedem beliebigen Vektor $(\alpha_1, \ldots, \alpha_{n-1})^T \in \mathbb{C}^n$ exisitert nach dem Existenzsatz 2.5.1 eine eindeutige Lösung $u \in V_L$ mit $\left(u(x_0), \ldots, u^{(n-1)}(x_0)\right)^T = (\alpha_1, \ldots, \alpha_{n-1})^T$. Also ist φ bijektiv und damit ist V_L isomorph zu $\mathbb{C}^n$ und $\dim_{\mathbb{C}} V_L = n$.

2.6 Anmerkungen

Die Forderung eines algebraisch abgeschlossenen Konstantenkörper von Charakteristik Null ist wichtig, weil dann zwischen den Differentialunterkörpern der PVE K der Differentialgleichung $L(y) = 0$ und den linearen algebraischen Untergruppen der Differential-Galoisgruppe $\mathcal{G}(L)$ eine bijektive Korrespondenz besteht (Kaplansky [41], Theoreme 5.5 und 5.9; Singer [75], Theorem 1.5). Aufgrund dieser Korrespondenzen kann man mit Hilfe der Gruppentheorie Aussagen über homogene lineare Differentialgleichungen machen. In der Praxis genügt es, in einer algebraischen Körpererweiterung zu arbeiten, in der alle auftretenden algebraischen Zahlen enthalten sind. In den hier entwickelten Algorithmen wird Rechnen in algebraischen Erweiterungskörpern meist erst zur Repräsentation der Lösungen notwendig.

Kapitel 3

Lineare Differentialgleichungen zweiter Ordnung

In diesem Kapitel wird ein neues Verfahren für lineare Differentialgleichungen zweiter Ordnung entwickelt, das die Lösungen durch Einsetzen in Lösungsformeln berechnet. Das Verfahren beruht sowohl auf Differential-Galoistheorie als auch auf Invariantentheorie. Im Gegensatz zu den bekannten Verfahren werden hier ausschließlich absolute Invarianten verwendet. Das bietet den Vorteil, die zu bestimmende Konstante aus den Syzygien berechnen zu können. Die Vorgehensweise orientiert sich an der zur Differentialgleichung gehörenden Galoisgruppe. Es wird unterschieden, ob die Galoisgruppe reduzibel, imprimitiv oder primitiv und endlich ist. Da sich nicht alle algebraischen Lösungen in Radikalen ausdrücken lassen, muß teilweise auf deren Repräsentation durch ein Minimalpolynom zurückgegriffen werden. Dazu ist es allerdings mindestens für diese Fälle notwendig, die zur Gleichung gehörende Galoisgruppe explizit zu kennen. Doch gibt die Differentialgleichung ihre Galoisgruppe nicht so ohne weiteres preis. Aus diesem Grund wird in einem Vorberechnungschritt ein sogenanntes in Invarianten zerlegtes Minimalpolynom für jede potentiell mögliche Galoisgruppe bestimmt. Daraus berechnet man dann im eigentlichen Algorithmus im Fall einer primitiven endlichen Galoisgruppe das Minimalpolynom einer Lösung, andernfalls werden die Lösungen der Gleichung direkt bestimmt.

Zu Beginn dieses Kapitels wird zu jeder möglichen (unimodularen) Galoisgruppe zweiten Grades ein in Invarianten zerlegtes Minimalpolynom berechnet. Bisher waren solche Minimalpolynome nur für die primitiven endlichen Gruppen und für die Quaternionengruppe bekannt. Außerdem wurden dort relative Invarianten zur Zerlegung verwendet.

Weiter wird dann gezeigt, wie einfach man die bekannten Bedingungen für Galoisgruppen [49, 78, 89] mit Methoden der Invariantentheorie herleiten kann.

Durch Anwenden dieser Bedingungen und den zu jeder Differentialgleichung gehörenden Differentialinvarianten wird anschließend ein – zu den Algorithmen aus [49, 79, 89] – alternatives Verfahren zur Berechnung liouvillescher Lösungen entwickelt. Dieses Verfahren bestimmt für irreduzible Differentialgleichungen die Lösungen sogar durch Lösungsformeln, siehe [24] und [25].

3.1 In Invarianten zerlegte Minimalpolynome

Satz 2.4.3 besagt zusammen mit Satz 2.4.1, daß es zu jeder irreduziblen linearen Differentialgleichung $L(y) = 0$ mit algebraischen Lösungen ein Minimalpolynom $P(\mathbf{Y})$ der Form (2.2) gibt.
Im folgenden wird nun zu jeder endlichen unimodularen Galoisgruppe (d.h. $\mathcal{G}(L) \subset \mathrm{SL}(2, \mathcal{C})$) ein in Invarianten zerlegtes Minimalpolynom bestimmt. Die „Einschränkung" auf unimodulare Gruppen wird notwendig, weil nur diese Gruppen alle bekannt sind. Daß man aus jeder linearen Differentialgleichung $L(y) = 0$ eine lineare Differentialgleichung mit unimodularer Galoisgruppe konstruieren kann, garantiert Satz 2.4.2.

3.1.1 Imprimitive unimodulare Gruppen vom Grad 2

Die endlichen imprimitiven algebraischen Untergruppen der $\mathrm{SL}(2, \mathcal{C})$ sind die binären Diedergruppen $D_n^{\mathrm{SL}_2}$ der Ordnung $4n$, siehe z.B. Ulmer und Weil [89]. Sie sind eine Zentralerweiterung der Diedergruppen D_n und werden erzeugt von (Springer [82], S. 89)

$$x_n = \begin{pmatrix} e^{\frac{\pi i}{n}} & 0 \\ 0 & e^{-\frac{\pi i}{n}} \end{pmatrix} \quad \text{und} \quad y = \begin{pmatrix} 0 & i \\ i & 0 \end{pmatrix}.$$

Diese Darstellungen sind irreduzibel, denn für den zugehörigen Charakter χ gilt

$$\begin{aligned} \chi(x_n^k) &= 2\cos\frac{k\pi}{n} \\ \chi(y^k) &= 0 \end{aligned}$$

und es ist damit

$$\begin{aligned} (\chi|\chi) &= \frac{1}{4n}\sum_{k=1}^{2n}\left(2\cos\frac{k\pi}{n}\right)^2 = \frac{1}{n}\sum_{k=1}^{2n}\cos^2\frac{k\pi}{n} \\ &= \frac{1}{2n}\left(2\sum_{k=1}^{n}\cos\frac{2k\pi}{n} + 2n\right) \quad (\text{weil } \cos^2 x = \tfrac{1}{2}(\cos 2x + 1)) \\ &= 1 \qquad (\text{weil } \textstyle\sum_{k=1}^{n}\cos\frac{2k\pi}{n} = \mathrm{Re}(\sum_{k=1}^{n} e^{\frac{2k\pi i}{n}}) = 0). \end{aligned}$$

Die Invariantenringe zu den binären Diedergruppen werden von

$$I_4 = y_1^2 y_2^2, \quad I_{2n} = y_1^{2n} + (-1)^n y_2^{2n}, \quad I_{2n+2} = y_1 y_2 (y_1^{2n} - (-1)^n y_2^{2n})$$

erzeugt und erfüllen die Relation

$$I_{2n+2}^2 - I_4 I_{2n}^2 + (-1)^n 4 I_4^{n+1} = 0, \tag{3.1}$$

siehe [82], S. 95.
Es bezeichne $\{y_1, y_2\}$ ein Fundamentalsystem für die Gleichung $L(y) = 0$ vom Grad 2.

Satz 3.1.1
Es sei $L(y) = 0$ eine irreduzible lineare Differentialgleichung zweiter Ordnung über k mit endlicher unimodularer Galoisgruppe $\mathcal{G}(L) \cong D_n^{\mathrm{SL}_2}$. Dann ist

$$P(\mathbf{Y}) = \mathbf{Y}^{4n} - I_{2n}\mathbf{Y}^{2n} + (-1)^n I_4^n$$

ein in Invarianten zerlegtes Minimalpolynom zu $L(y) = 0$.

Beweis. Der Grad eines Minimalpolynoms für $L(y) = 0$ vom Grad 2 ist gleich der Gruppenordnung von $\mathcal{G}(L)$, siehe z.B. Singer und Ulmer [79], S. 55. Ein Vergleich mit $P(\mathbf{Y})$ aus Satz 2.4.3 zeigt $d \cdot m = |\mathcal{G}(L)|$.
$H = \langle x_n \rangle$ mit $|H| = 2n$ ist eine maximale Untergruppe von $\mathcal{G}(L)$. Sie ist zyklisch und damit abelsch und 1-reduzibel und besitzt den gemeinsamen Eigenvektor aller Elemente $z = y_1$ (z ist Lösung von $L(y) = 0$). $\mathcal{T} = \{x_n^n, y x_n^n\}$ ist ein Vertretersystem der Linksnebenklassen von H in $\mathcal{G}(L)$.
Aus obigem erhält man zusätzlich $m = [\mathcal{G}(L) : H] = 2$ und somit $d = 2n$.
Daraus läßt sich nun das Minimalpolynom wie folgt berechnen

$$\begin{aligned} P(\mathbf{Y}) &= \prod_{\sigma \in \mathcal{T}} \left(\mathbf{Y}^{2n} - \sigma(z)^{2n}\right) \\ &= \left(\mathbf{Y}^{2n} - (-y_1)^{2n}\right)\left(\mathbf{Y}^{2n} - (-i y_2)^{2n}\right) \\ &= \mathbf{Y}^{4n} - (y_1^{2n} + (-1)^n y_2^{2n})\mathbf{Y}^{2n} + (-1)^n y_1^{2n} y_2^{2n}. \end{aligned}$$

Durch Zerlegen dieses Ausdrucks in obige Invarianten folgt die Behauptung. □

3.1.2 Primitive unimodulare Gruppen vom Grad 2

Es gibt bis auf Isomorphie drei verschiedene endliche primitive unimodulare lineare algebraische Gruppen vom Grad 2. Das[1] sind die Tetraeder-Gruppe

[1] Die Namen dieser Gruppen stammen von F. Klein.

($A_4^{\mathrm{SL}_2}$), die Oktaeder-Gruppe ($S_4^{\mathrm{SL}_2}$) und die Ikosaeder-Gruppe ($A_5^{\mathrm{SL}_2}$), siehe z.B. [89].
Die Definitionen für die Matrixgruppen sind Miller, Blichfeldt und Dickson [61] S. 221ff entnommen. Aus den Matrizen

$$T=\begin{pmatrix} i & 0\\ 0 & -i\end{pmatrix} \qquad S=\frac{1}{2}\begin{pmatrix} -1+i & -1+i\\ 1+i & -1-i\end{pmatrix} \qquad U=\frac{1}{\sqrt{2}}\begin{pmatrix} 1+i & 0\\ 0 & 1-i\end{pmatrix}$$

$$S'=\begin{pmatrix} \epsilon^3 & 0\\ 0 & \epsilon^2\end{pmatrix} \qquad U'=\begin{pmatrix} 0 & 1\\ -1 & 0\end{pmatrix} \qquad T'=\begin{pmatrix} \alpha & \beta\\ \beta & -\alpha\end{pmatrix},$$

mit $\epsilon^5=1$, $\alpha=\frac{\epsilon^4-\epsilon}{\sqrt{5}}$ und $\beta=\frac{\epsilon^2-\epsilon^3}{\sqrt{5}}$ lassen sich obige Gruppen in folgender Weise darstellen:

(i) $A_4^{\mathrm{SL}_2}=\langle S,T\rangle\subset \mathrm{SL}(2,\mathbb{Q}(i))$ (Tetraeder-Gruppe), $|A_4^{\mathrm{SL}_2}|=24$

(ii) $S_4^{\mathrm{SL}_2}=\langle S,U\rangle\subset \mathrm{SL}(2,\mathbb{Q}(\gamma))$ (Oktaeder-Gruppe), $|S_4^{\mathrm{SL}_2}|=48$ mit

$$\gamma^4-2\gamma^2+9=0,$$

d.h. $i=\frac{1}{6}(\gamma^3+\gamma)$ und $\sqrt{2}=\frac{1}{6}(\gamma^3-5\gamma)$.

(iii) $A_5^{\mathrm{SL}_2}=\langle S',U',T'\rangle\subset \mathrm{SL}(2,\mathbb{Q}(\epsilon))$ (Ikosaeder-Gruppe), $|A_5^{\mathrm{SL}_2}|=120$ und

$$\sqrt{5}=2\epsilon^3+2\epsilon^2+1.$$

Die im folgenden aufgelisteten in Invarianten zerlegten Minimalpolynome wurden – im Gegensatz zu L. Fuchs – ausschließlich unter Verwendung absoluter Invarianten bestimmt. Sämtliche zur Berechnung der Minimalpolynome notwendigen 1-reduziblen Untergruppen, Linksnebenklassen-Repräsentanten und Eigenvektoren stammen aus [79]. Alle hier verwendeten Fundamentalinvarianten wurden mit den Algorithmen und Implementierungen aus [21] berechnet (man vergleiche hierzu die (relativen) Invarianten in [61] S. 225/226).

Die Tetraeder-Gruppe

$\mathbf{Y}^{24}+48I_1\mathbf{Y}^{18}+\left(90I_3+228{I_1}^2\right)\mathbf{Y}^{12}+\left(288I_1I_3+2368{I_1}^3\right)\mathbf{Y}^6-3{I_3}^2+36{I_1}^2I_3-108{I_1}^4$

ist ein in Invarianten zerlegtes Minimalpolynom zur Tetraeder-Gruppe. Der Ring der Invarianten diese Gruppe wird erzeugt von

$$\begin{aligned} I_1 &= \frac{1}{2} R_{A_4^{\mathrm{SL}_2}}(y_1^5 y_2)(\mathbf{y}) = y_1 {y_2}^5 - {y_1}^5 y_2 \\ I_2 &= -\frac{1}{25} H(I_1) = {y_2}^8 + 14{y_1}^4{y_2}^4 + {y_1}^8 \\ I_3 &= \frac{1}{8} J(I_1, I_2) = {y_2}^{12} - 33{y_1}^4{y_2}^8 - 33{y_1}^8{y_2}^4 + {y_1}^{12}. \end{aligned}$$

Zwischen diesen Fundamentalinvarianten besteht die Relation

$${I_3}^2 - {I_2}^3 + 108{I_1}^4 = 0.$$

Molien- und Hilbert-Reihe zeigen, daß I_1, I_2 und I_3 den Invariantenring erzeugen

$$\begin{aligned} \frac{z^8 - z^4 + 1}{z^{10} - z^6 - z^4 + 1} &= \left(1 + z^{12}\right) \frac{1}{z^{14} - z^8 - z^6 + 1} \\ &= 1 + z^6 + z^8 + 2z^{12} + z^{14} + z^{16} + 2z^{18} + 2z^{20} + O\left(z^{22}\right) \end{aligned}$$

und man erhält daraus die Zerlegung in die graduierten Vektorräume

$$\mathcal{C}[y_1, y_2]^{A_4^{\mathrm{SL}_2}} = \mathcal{C}[I_1, I_2, I_3] = \mathcal{C}[I_1, I_2] \oplus I_3 \mathcal{C}[I_1, I_2].$$

Für die obige Darstellung des Minimalpolynoms zur Tetraeder-Gruppe in Invarianten wurde I_1 mit dem Faktor $-\mu^3$ und I_3 mit dem Faktor $-\frac{26}{3}\mu^2 + \frac{26}{3}\mu - \frac{7}{3}$ versehen, wobei $\mu^4 - 2\mu^3 + 5\mu^2 - 4\mu + 1 = 0$[2] und $i = \sqrt{-1} = 2\mu^3 - 3\mu^2 + 9\mu - 4$.

Wegen der in dieser Darstellung des Minimalpolynoms in Invarianten notwendigen algebraischen Erweiterung kann es von Vorteil sein, eine Darstellung zu wählen, welche zwar nicht mehr so dünn besetzt ist, dafür aber keine algebraische Erweiterung enthält. Man bekommt eine solche Darstellung z.B. durch Berechnen einer lexikographischen Gröbner-Basis aus den drei Gleichungen der Fundamentalinvarianten für $y_2 \succ y_1 \succ I_3 \succ I_2 \succ I_1$:

$$\mathbf{Y}^{24} + 10 I_2 \mathbf{Y}^{16} + 5 I_3 \mathbf{Y}^{12} - 15 I_2^2 \mathbf{Y}^8 - I_2 I_3 \mathbf{Y}^4 + I_1^4. \tag{3.2}$$

Für diese Darstellung des Minimalpolynoms zur Tetraeder-Gruppe in Invarianten wurde I_1 mit dem Faktor $\frac{1}{4}$, I_2 mit $-\frac{5}{80}$ und I_3 mit $-\frac{1}{16}$ multipliziert.

[2]Diese algebraische Erweiterung ist zur Berechnung eines Eigenvektors notwendig.

Die Oktaeder-Gruppe

$\mathbf{Y}^{48}+20I_1\mathbf{Y}^{40}+70{I_1}^2\mathbf{Y}^{32}+\left(2702{I_2}^2+100{I_1}^3\right)\mathbf{Y}^{24}+\left(-1060I_1{I_2}^2+65{I_1}^4\right)\mathbf{Y}^{16}+\left(78{I_1}^2{I_2}^2+16{I_1}^5\right)\mathbf{Y}^8+{I_2}^4$

ist ein in Invarianten zerlegtes Minimalpolynom zur Oktaeder-Gruppe. Ihre Invarianten werden von

$$\begin{aligned} I_1 &= \frac{1}{24}R_{S_4^{\mathrm{SL}_2}}(y_1^4y_2^4)(\mathbf{y}) = {y_2}^8+14{y_1}^4{y_2}^4+{y_1}^8 \\ I_2 &= \frac{1}{9408}H(I_1) = {y_1}^2{y_2}^{10}-2{y_1}^6{y_2}^6+{y_1}^{10}{y_2}^2 \\ I_3 &= -\frac{1}{16}J(I_1,I_2) = y_1{y_2}^{17}-34{y_1}^5{y_2}^{13}+34{y_1}^{13}{y_2}^5-{y_1}^{17}\,y_2 \end{aligned}$$

erzeugt. Zwischen diesen drei Fundamentalinvarianten gibt es die Syzygie

$${I_3}^2+108{I_2}^3-{I_1}^3I_2=0.$$

Daß diese Syzygie die einzige Relation zwischen den Fundamentalinvarianten ist, bestätigen Molien- und Hilbert-Reihe der Oktaeder-Gruppe:

$$\begin{aligned} \frac{z^{12}-z^6+1}{z^{14}-z^8-z^6+1} &= \left(1+z^{18}\right)\frac{1}{z^{20}-z^{12}-z^8+1} \\ &= 1+z^8+z^{12}+z^{16}+z^{18}+z^{20}+2z^{24}+z^{26}+O\left(z^{28}\right). \end{aligned}$$

Der Invariantenring läßt sich demnach in die graduierten Vektorräume

$$\mathcal{C}[y_1,y_2]^{S_4^{\mathrm{SL}_2}} = \mathcal{C}[I_1,I_2,I_3] = \mathcal{C}[I_1,I_2]\oplus I_3\mathcal{C}[I_1,I_2]$$

zerlegen.
Obige Darstellung des Minimalpolynoms in Invarianten zur Oktaeder-Gruppe erhält man mit den angegebenen Fundamentalinvarianten, wobei I_1 mit $-\frac{1}{16}$ multipliziert wurde und I_2 mit dem Faktor $\frac{1}{16}$.

Die Ikosaeder-Gruppe

$\mathbf{Y}^{120}+20570I_2\mathbf{Y}^{100}+91I_3\mathbf{Y}^{90}-861356665{I_2}^2\mathbf{Y}^{80}-78254I_2I_3\mathbf{Y}^{70}+\left(14993701690{I_2}^3+111377612500{I_1}^5\right)\mathbf{Y}^{60}+897941{I_2}^2I_3\mathbf{Y}^{50}+\left(-11602919295{I_2}^4+273542733750{I_1}^5I_2\right)\mathbf{Y}^{40}+\left(-151734{I_2}^3-6953000{I_1}^5\right)I_3\mathbf{Y}^{30}+\left(503123324{I_2}^5-7854563750{I_1}^5{I_2}^2\right)\mathbf{Y}^{20}+\left(1331{I_2}^4+500{I_1}^5I_2\right)I_3\mathbf{Y}^{10}+3125{I_1}^{10}$

ist ein in Invarianten zerlegtes Minimalpolynom zur Ikosaeder-Gruppe. Für die Ikosaeder-Gruppe vom Grad 2 sind

$$\begin{aligned} I_1 &= -\frac{1}{25} R_{A_5^{\mathrm{SL}_2}}(y_1^6 y_2^6)(\mathrm{y}) = y_1 {y_2}^{11} - 11 {y_1}^6 {y_2}^6 - {y_1}^{11} y_2 \\ I_2 &= -\frac{1}{121} H(I_1) = {y_2}^{20} + 228 {y_1}^5 {y_2}^{15} + 494 {y_1}^{10} {y_2}^{10} - 228 {y_1}^{15} {y_2}^5 + {y_1}^{20} \\ I_3 &= \frac{1}{20} J(I_1, I_2) \\ &= {y_2}^{30} - 522 {y_1}^5 {y_2}^{25} - 10005 {y_1}^{10} {y_2}^{20} - 10005 {y_1}^{20} {y_2}^{10} + 522 {y_1}^{25} {y_2}^5 + {y_1}^{30} \end{aligned}$$

Fundamentalinvarianten. Sie erfüllen die Relation

$$ {I_3}^2 - {I_2}^3 + 1728 {I_1}^5 = 0. $$

Molien- und Hilbert-Reihe der Ikosaeder-Gruppe

$$\begin{aligned} \frac{z^{16} + z^{14} - z^{10} - z^8 - z^6 + z^2 + 1}{z^{18} + z^{16} - z^{12} - z^{10} - z^8 - z^6 + z^2 + 1} &= \left(1 + z^{30}\right) \frac{1}{z^{32} - z^{20} - z^{12} + 1} \\ &= 1 + z^{12} + z^{20} + z^{24} + O\left(z^{30}\right) \end{aligned}$$

zeigen, daß I_1, I_2 und I_3 den Invariantenring erzeugen, die angegebene Relation die einzige Syzygie ist, und sie liefern die Zerlegung in die graduierten Vektorräume

$$ \mathcal{C}[y_1, y_2]^{A_5^{\mathrm{SL}_2}} = \mathcal{C}[I_1, I_2, I_3] = \mathcal{C}[I_1, I_2] \oplus I_3 \mathcal{C}[I_1, I_2]. $$

Zum oben angegebenen in Invarianten dargestellten Minimalpolynom der Ikosaeder-Gruppe wurde I_1 mit $\frac{1}{125}$ multipliziert, I_2 mit $-\frac{1}{275 \cdot 125}$ und I_3 mit dem Faktor $-\frac{11}{25 \cdot 125}$.

3.2 Kriterien zur Bestimmung der Galoisgruppe

Anzahl und Grade der im letzten Abschnitt bestimmten Invarianten aller endlichen unimodularen linearen algebraischen Gruppen vom Grad 2 stellen Bedingungen an die Galoisgruppe einer Differentialgleichung zweiter Ordnung. Hier wird gezeigt, wie einfach man die bereits bekannten Bedingungen (siehe Kovacic [49], Singer und Ulmer [78] und Ulmer und Weil [89]) durch Verwenden von Invariantentheorie herleiten kann.

Im Falle einer imprimitiven Galoisgruppe $\mathcal{G}(L)$ ist es nicht leicht zu entscheiden, ob $\mathcal{G}(L)$ endlich oder unendlich ist (siehe [78], S. 25). Die einzige unendliche imprimitive unimodulare Galoisgruppe $\mathcal{G}(L)$ ist

$$D_\infty = \left\{ \begin{pmatrix} a & 0 \\ 0 & a^{-1} \end{pmatrix}, \begin{pmatrix} 0 & -a \\ a^{-1} & 0 \end{pmatrix} \right\} \quad \text{mit } a \in \mathbb{C}^*.$$

Sie besitzt nur eine Fundamentalinvariante $I_4 = y_1^2 y_2^2$ (siehe [89], Abschnitt 3.2). Folgendes Lemma ermöglicht die Unterscheidung aller Galoisgruppen $\mathcal{G}(L)$, für die eine irreduzible lineare Differentialgleichung $L(y) = 0$ zweiter Ordnung liouvillesche Lösungen besitzt, auf eine einfache Art. Dies gilt nicht mehr für Differentialgleichungen höherer Ordnung.

Lemma 3.2.1 *(siehe [83] Lemma 3.6.3; [71] S. 47)*
Eine binäre Form von positivem Grad über k kann nicht identisch verschwinden. Insbesondere gilt dies für homogene Invarianten in zwei unabhängigen Veränderlichen.

Rationale Lösungen symmetrischer Potenzen $L^{ⓢm}(y) = 0$ entsprechen homogenen Invarianten vom Grad m von $\mathcal{G}(L)$ (vgl. hierzu [21], [79]). Als Konsequenz von Lemma 3.2.1 entspricht hier jeder Invariante vom Grad m von $\mathcal{G}(L)$ bijektiv eine nicht-triviale rationale Lösung der $m$ten symmetrischen Potenz von $L(y) = 0$ (siehe [79], Lemma 3.5 (iii)).

Korollar 3.2.2 *(siehe [89], Lemma 13)*
Es sei $L(y) = 0$ eine irreduzible lineare Differentialgleichung zweiter Ordnung über k und $\mathcal{G}(L) \cong D_n^{\mathrm{SL}_2}$. Dann besitzt $L^{ⓢ4}(y) = 0$ eine nicht-triviale rationale Lösung.
Insbesondere gilt:

(1) $L^{ⓢ4}(y) = 0$ hat zwei nicht-triviale rationale Lösungen genau dann, wenn $\mathcal{G}(L) \cong D_2^{\mathrm{SL}_2}$.

(2) In allen anderen Fällen besitzt $L^{ⓢ4}(y) = 0$ genau eine nicht-triviale rationale Lösung.

Beweis. Nach Abschnitt 3.1.1 besitzt die $D_2^{\mathrm{SL}_2}$ zwei Fundamentalinvarianten vom Grad 4. Alle anderen binären Diedergruppen $D_n^{\mathrm{SL}_2}$ besitzen genau eine Fundamentalinvariante vierten Grades. □

Die Bestimmung der Fundamentalinvarianten sämtlicher Gruppen im letzten Abschnitt erlaubt

Proposition 3.2.3
Es sei $L(y) = 0$ eine lineare Differentialgleichung zweiter Ordnung über k mit unimodularer Galoisgruppe $\mathcal{G}(L)$. Besitzt $L^{\circledS m}(y) = 0$ für $m = 2$ oder ungerades $m \in \mathbb{N}$ eine nicht-triviale rationale Lösung, dann ist $L(y) = 0$ reduzibel.

Beweis. In allen Fällen, in denen $L(y) = 0$ irreduzibel ist, besitzt $L^{\circledS m}(y) = 0$ höchstens für $m \geq 4$ und m gerade nicht-triviale rationale Lösungen. □

Eine solche Aussage kann offensichtlich für ein praktisches Reduziblitätskriterium nur sehr eingeschränkt Anwendung finden. Wirkliches Rechnen dagegen läßt die folgende Proposition zu.

Proposition 3.2.4 *(siehe [89], Lemmata 13 und 14)*
Es sei $L(y) = 0$ eine irreduzible lineare Differentialgleichung zweiter Ordnung über k mit unimodularer Galoisgruppe $\mathcal{G}(L)$. Dann gilt:

(1) $\mathcal{G}(L)$ ist imprimitiv genau dann, wenn $L^{\circledS 4}(y) = 0$ eine nicht-triviale rationale Lösung besitzt.

(2) $\mathcal{G}(L) \cong D_\infty$ genau dann, wenn $L^{\circledS 4m}(y) = 0$ für alle $m \in \mathbb{N}$ jeweils genau eine nicht-triviale rationale Lösung besitzt.

(3) $\mathcal{G}(L) \cong D_n^{\mathrm{SL}_2}$ genau dann, wenn $L^{\circledS 4}(y) = 0$ eine und $L^{\circledS 2n}(y) = 0$ zwei falls $4|2n$ und sonst genau eine nicht-triviale rationale Lösung besitzt.

(4) $\mathcal{G}(L)$ ist primitiv und endlich genau dann, wenn $L^{\circledS 4}(y) = 0$ keine und $L^{\circledS 12}(y) = 0$ mindestens eine nicht-triviale rationale Lösung hat.

(5) $\mathcal{G}(L) \cong A_4^{\mathrm{SL}_2}$ (Tetraeder-Gruppe) genau dann, wenn $L^{\circledS 4}(y) = 0$ keine und
$L^{\circledS 6}(y) = 0$ eine nicht-triviale rationale Lösung besitzt.

(6) $\mathcal{G}(L) \cong S_4^{\mathrm{SL}_2}$ (Oktaeder-Gruppe) genau dann, wenn $L^{\circledS m}(y) = 0$ für $m \in \{4, 6\}$ keine und $L^{\circledS 8}(y) = 0$ eine nicht-triviale rationale Lösung besitzt.

(7) $\mathcal{G}(L) \cong A_5^{\mathrm{SL}_2}$ (Ikosaeder-Gruppe) genau dann, wenn $L^{\circledS m}(y) = 0$ für $m \in \{4, 6, 8\}$ keine und $L^{\circledS 12}(y) = 0$ eine nicht-triviale rationale Lösung besitzt.

(8) $\mathcal{G}(L) \cong \mathrm{SL}(2, C)$ wenn keiner der obigen Fälle gilt.

Beweis. (1)-(3) erhält man sofort aus Korollar 3.2.2 und obigen Bemerkungen zur unendlichen imprimitiven Gruppe D_∞.
Die Galoisgruppe einer irreduziblen linearen Differentialgleichung $L(y) = 0$ ist irreduzibel (siehe Kolchin [48] §22, Theorem 1). Eine irreduzible Gruppe ist entweder imprimitiv oder primitiv. Ein Vergleich der Grade der Fundamentalinvarianten der drei endlichen primitiven unimodularen linearen algebraischen Gruppen vom Grad 2 und das Faktum, daß es keine unendliche primitive algebraische Untergruppe der SL$(2, \mathcal{C})$ gibt (siehe [78] S. 13), liefern zusammen mit Lemma 3.2.1 die Behauptung (4).
Die Fälle (5)-(7) sind einfache Folgerungen aus Lemma 3.2.1 und den im letzten Abschnitt berechneten Fundamentalinvarianten.
Trifft keiner der obigen Fälle zu, ist $\mathcal{G}(L)$ primitiv und unendlich und damit (s.o.) die volle SL$(2, \mathcal{C})$. □

Als eine Folgerung hiervon bekommt man ein sehr einfaches Kriterium, wann eine irreduzible lineare Differentialgleichung zweiter Ordnung eine liouvillesche Lösung besitzt (vgl. Singer und Ulmer [78] Proposition 4.4, Kovacic [49], Fuchs [27] Satz II, No. 17 und die Sätze I & II, No. 20).

Korollar 3.2.5
Es sei $L(y) = 0$ eine irreduzible lineare Differentialgleichung zweiter Ordnung über k mit unimodularer Galoisgruppe $\mathcal{G}(L)$. Dann hat $L(y) = 0$ eine liouvillesche Lösung genau dann, wenn $L^{\circledS 12}(y) = 0$ eine nicht-triviale rationale Lösung besitzt.
Insbesondere besitzt $L(y) = 0$ eine liouvillesche Lösung genau dann, wenn $L^{\circledS m}(y) = 0$ für (mindestens) ein $m \in \{4, 6, 8, 12\}$ eine nicht-triviale rationale Lösung besitzt.

Beweis. $L(y) = 0$ besitzt genau dann liouvillesche Lösungen, wenn die zugehörige Galoisgruppe $\mathcal{G}(L)$ entweder imprimitiv oder primitiv und endlich ist. Alles weitere folgt aus Proposition 3.2.4. □

3.3 Ein alternatives Verfahren

In diesem Abschnitt wird ein Verfahren zur "direkten" Berechnung liouvillescher Lösungen irreduzibler linearer Differentialgleichungen zweiter Ordnung mit imprimitiver unimodularer Galoisgruppe entwickelt. Die Berechnung eines Minimalpolynoms ist nicht mehr notwendig, kann jedoch trotzdem noch wahlweise bestimmt werden. Besitzt die Differentialgleichung eine primitive unimodulare Galoisgruppe, wird gezeigt, wie man durch explizite Kenntnis der Gruppe und die Verwendung aller ihrer Fundamentalinvarianten ein Minimalpolynom einer Lösung berechnen kann ohne aufwendiges Einsetzen eines in Invarianten zerlegten Minimalpolynoms in die Differentialgleichung, was in [27, S. 100] und [79, S. 67] noch notwendig ist.

Es sei $\{y_1, \ldots, y_n\}$ ein Fundamentalsystem von $L(y) = 0$ und

$$\Delta = \begin{vmatrix} y_1 & \cdots & y_n & y \\ y_1' & \cdots & y_n' & y' \\ \vdots & \ddots & \vdots & \vdots \\ y_1^{(n)} & \cdots & y_n^{(n)} & y^{(n)} \end{vmatrix}.$$

Des weiteren bezeichne $W_i = \frac{\partial \Delta}{\partial y^{(i)}}$ $(i = 0, \ldots, n)$, speziell $W = W_n$ die Wronski-Determinante und $W' = W_{n-1}$ ihre erste Ableitung . Die Differentialgleichung $L(y) = 0$ ist damit durch

$$L(y) = \frac{\Delta}{W} = y^{(n)} - \frac{W'}{W} y^{(n-1)} + \frac{W_{n-2}}{W} y^{(n-2)} + \ \ldots \ + (-1)^n \frac{W_0}{W} y = 0$$

bzw. durch

$$a_i = (-1)^{n-i} \frac{W_i}{W_n} \quad (i = 0, \ldots, n-1)$$

eindeutig bestimmt.
Beim Übergang zu einem beliebigen anderen Fundamentalsystem von $L(y) = 0$ bleibt $L(y) = 0$ unverändert, d.h. die Koeffizienten sind differentialinvariant bzgl. der allgemeinen linearen Gruppe $\mathrm{GL}(n, \mathcal{C})$, die hier wegen der Abhängigkeit von $L(y) = 0$ mit $\mathrm{G}(L)$ bezeichnet wird.
Die Determinantenquotienten a_k sind Differentialinvarianten $n$ter Ordnung der $\mathrm{G}(L)$ und bilden eine Basis für die Differentialinvarianten von $\mathrm{G}(L)$, siehe Schlesinger [70], S. 16. Man kann also jede Differentialinvariante von $\mathrm{G}(L)$ als rationale Funktion der $a_0, \ldots, a_{n-1}$ und deren Ableitungen darstellen.

Definition 3.3.1
Es sei $L(y) = 0$ eine lineare Differentialgleichung , $\mathcal{G}(L)$ ihre Galoisgruppe und I eine Invariante $m$ten Grades von $\mathcal{G}(L)$. Die zu I gehörende rationale Lösung R der $m$ten symmetrischen Potenz $L^{Ⓢm}(y) = 0$ heißt ***rationale Invariante*** *von I. Eine algebraische Gleichung, welche für $I \mapsto c \cdot R$, $R \neq 0$ die Konstante c $(c \in \mathcal{C},\ c \neq 0)$ bestimmt, heißt* ***bestimmende Gleichung*** *für die rationale Invariante R.*

3.3.1 Der imprimitive Fall

Die gemeinsame Invariante $I_4 = y_1^2 y_2^2$ aller imprimitiven Galoisgruppen (siehe die Abschnitte 3.1.1 und 3.2), welche zudem nur aus einem Monom besteht, erlaubt eine einfache Berechnung liouvillescher Lösungen.

Satz 3.3.2
Es sei $L(y) = 0$ eine irreduzible lineare Differentialgleichung zweiter Ordnung mit imprimitiver unimodularer Galoisgruppe $\mathcal{G}(L)$. Dann besitzt $L(y) = 0$ ein Fundamentalsystem in den beiden Lösungen

$$y_1 = \sqrt[4]{r}\exp\left[-\frac{C}{2}\int\frac{W}{\sqrt{r}}\right] \quad \text{und} \quad y_2 = \sqrt[4]{r}\exp\left[\frac{C}{2}\int\frac{W}{\sqrt{r}}\right].$$

Dabei ist r die rationale Invariante der Invariante $I_4 = \frac{1}{C^2}\cdot r$ $\quad (C \in \mathcal{C},\ C \neq 0)$ und

$$\frac{4r''r - 3(r')^2}{16r^2} + \frac{W^2}{4r}C^2 - \frac{r'}{4r}a_1 + a_0 = 0 \tag{3.3}$$

ihre bestimmende Gleichung.
Insbesondere (vgl. Fuchs [27], S. 118) bilden, falls $a_1 = 0$

$$y_1 = \sqrt[4]{r}\exp\left[-\frac{\bar{C}}{2}\int\frac{1}{\sqrt{r}}\right] \quad \text{und} \quad y_2 = \sqrt[4]{r}\exp\left[\frac{\bar{C}}{2}\int\frac{1}{\sqrt{r}}\right] \qquad (\bar{C} = CW)$$

ein Fundamentalsystem, wobei $\bar{C}$ ebenfalls durch Gleichung (3.3) bestimmt wird.

Beweis. Es sei r eine rationale Lösung von $L^{ⓢ4}(y) = 0$ mit $I_4 = y_1^2 y_2^2 = c\cdot r$ $(c \in \mathcal{C},\ c \neq 0)$. Dann ist $y_2 = \frac{\sqrt{c\cdot r}}{y_1}$. Setzt man diesen Ausdruck für y_2 und dessen Ableitung für y_2' in die Wronski-Determinante $W = y_1 y_2' - y_1' y_2$ ein, so erhält man

$$\frac{y_1'}{y_1} = \frac{r'}{4r} - \frac{W}{2\sqrt{c\cdot r}} \tag{3.4}$$

bzw.

$$y_1 = \sqrt[4]{r}\exp\left[-\frac{1}{2\sqrt{c}}\int\frac{W}{\sqrt{r}}\right].$$

Die bestimmende Gleichung (3.3) für die Konstante $c = \frac{1}{C^2}$ erhält man durch Einsetzen von y_1 in die Differentialgleichung $L(y) = 0$.
Falls $a_1 = 0$ d.h. W konstant ist, vereinfacht sich y_1 zu $\sqrt[4]{r}\exp[-\frac{W}{2\sqrt{c}}\int\frac{1}{\sqrt{r}}]$ und Gleichung (3.3) geht für $\bar{C} = \frac{W}{\sqrt{c}}$ über in

$$\frac{4r''r - 3(r')^2}{16r^2} + \frac{1}{4r}\bar{C}^2 + a_0 = 0.$$

□

Bemerkung 3.3.3
Gleichung (3.4) ist bereits die aufgelöste Form des Minimalpolynoms der logarithmischen Ableitung einer Lösung von $L(y) = 0$, welches im zweiten Fall des Kovacic-Algorithmus [49] berechnet wird. Kovacic nutzte die Invariante I_4 für den Beweis des zweiten Falles seines Verfahrens ([49], S. 10).

Im Falle einer imprimitiven unimodularen Galoisgruppe besitzt $L^{ⓢ4}(y) = 0$ nach Proposition 3.2.4 mit Ausnahme der $D_2^{\mathrm{SL}_2}$ genau eine nicht-triviale rationale Lösung. Hat nun $L^{ⓢ4}(y) = 0$ genau eine nicht-triviale rationale Lösung, dann kann man mit Satz 3.3.2 beide liouvilleschen Lösungen von $L(y) = 0$ direkt berechnen. Da die bestimmende Gleichung für die Konstante C für alle regulären Punkte von $L(y) = 0$ gelten muß, kann diese auch durch die Auswertung an einem beliebigen regulären Punkt gelöst werden.

Besitzt $L^{ⓢ4}(y) = 0$ zwei nicht-triviale rationale Lösungen r_1 und r_2 (d.h. es ist $\mathcal{G}(L) \cong D_2^{\mathrm{SL}_2}$), kann man zum einen $r = c_1 r_1 + c_2 r_2$ und $C = 1$ setzen und durch Lösen der bestimmenden Gleichung (3.3) mit Satz 3.3.2 die beide liouvilleschen Lösungen berechnen.
Zum anderen besitzt $L^{ⓢ6}(y) = 0$ eine weitere nicht-triviale rationale Lösung r_3. Mit diesen drei rationalen Lösungen macht man den Ansatz

$$I_{4a} = c_1 r_1 + c_2 r_2, \qquad I_{4b} = c_3 r_1 + c_4 r_2, \qquad I_6 = c_5 r_3$$

und setzt ihn in die Syzygie

$$I_6^2 - I_{4a} I_{4b}^2 + 4 I_{4a}^3 = 0$$

ein. Aus dem Zähler der dabei entstehenden rationalen Funktion erhält man ein System von Polynomgleichungen für die zu bestimmenden Konstanten $c_1, \ldots, c_5$. Man kann sie z.B. durch die Berechnung einer lexikographischen Gröbner-Basis (vgl. Sturmfels [83]) gewinnen, was eine notwendige Bedingung für obige Invarianten darstellt. Die Wahl der Konstanten in einer Weise, die I_{4a}, I_{4b} und I_6 nicht-trivial und des weiteren I_{4a} und I_{4b} linear unabhängig macht, ist hinreichend. Aus der so konstruierten Invariante I_{4a} können nun mit Satz 3.3.2 die beiden liouvilleschen Lösungen bestimmt werden.
Eine weitere Möglichkeit, die liouvilleschen Lösungen zu berechnen, besteht im expliziten Auflösen des Minimalpolynoms aus Satz 3.1.1.

Die Bedingung dafür, daß eine lineare Differentialgleichung im imprimitiven Fall algebraische Lösungen besitzt, basiert auf einem Satz von Abel, siehe [27] S. 118. Man kann diese Bedingung folgendermaßen präzisieren.

Lemma 3.3.4
Es sei $L(y) = 0$ eine lineare Differentialgleichung zweiter Ordnung mit endlicher

imprimitiver unimodularer Galoisgruppe $\mathcal{G}(L)$. Dann ist

$$\int \frac{W}{\sqrt{I_4}} = \frac{1}{2n} \log \frac{I_{2n+2} + I_{2n}\sqrt{I_4}}{I_{2n+2} - I_{2n}\sqrt{I_4}}. \tag{3.5}$$

Beweis. Nach Satz 3.1.1 sind die Lösungen von $L(y) = 0$ von der Form

$$y_{1,2} = \sqrt[2n]{\frac{1}{2}\left(I_{2n} \pm \sqrt{I_{2n}^2 - (-1)^n 4 I_4^n}\right)}. \tag{3.6}$$

Durch Ersetzen von I_{2n}^2 mit Hilfe der Syzygie (3.1) und Umformungen wird obige Form zu

$$y_{1,2} = \sqrt[4]{I_4}\ \sqrt[2n]{\frac{\pm I_{2n+2} + I_{2n}\sqrt{I_4}}{2\sqrt{I_4^{n+1}}}}.$$

Wendet man die Syzygie (3.1) auf I_4^{n+1} an und formt weiter um, dann ergibt sich mit Satz 3.3.2

$$y_{1,2} = \sqrt[4]{I_4}\ \sqrt[4n]{(-1)^{n+1} \frac{\pm I_{2n+2} + I_{2n}\sqrt{I_4}}{\pm I_{2n+2} - I_{2n}\sqrt{I_4}}} = \sqrt[4]{I_4}\ e^{\pm\frac{1}{2}\int \frac{W}{\sqrt{I_4}}}$$

und damit

$$\pm\frac{1}{2} \int \frac{W}{\sqrt{I_4}} = \pm\frac{1}{4n} \log \frac{I_{2n+2} + I_{2n}\sqrt{I_4}}{I_{2n+2} - I_{2n}\sqrt{I_4}}.$$

□

Die Lösungen von $L(y) = 0$ sind algebraisch genau dann, wenn man das Integral $\int \frac{W}{\sqrt{I_4}}$ in der Form (3.5) schreiben kann.

Bemerkung 3.3.5
Mit Lemma 3.3.4 scheint es möglich, die zu $L(y) = 0$ gehörende (imprimitive) Galoisgruppe explizit bestimmen zu können. Dies wird in einem weiteren Artikel näher untersucht werden.

3.3.2 Der primitive Fall

Für die Bestimmung der rationalen Invarianten einer Invariante $j$ten Grades kann man die im folgenden beschriebenen Hilfsmittel verwenden. Die Idee stammt von Fuchs [28] S. 22. Allerdings nutzte Fuchs sie nur speziell für seine Zwecke.

Lemma 3.3.6
Es seien y_1, y_2 unabhängige Funktionen in x, $f(y_1, y_2)$ und $g(y_1, y_2)$ binäre Formen der Grade m und n. Dann gilt

(1) für die Hessesche Determinante von $f(y_1, y_2)$

$$H(f) = \frac{m-1}{W^2}\left[\left(\frac{f'}{f}\right)^2 + m\left(\frac{f'}{f}\right)' + ma_1\left(\frac{f'}{f}\right) + m^2 a_0\right] f^2$$

(für $a_1 = 0$, vgl. Fuchs [28] S. 22) und

(2) für die Jacobische Determinante von $f(y_1, y_2)$ und $g(y_1, y_2)$

$$J(f, g) = \frac{mfg' - nf'g}{W}.$$

Dabei ist W die Wronski-Determinante von y_1 und y_2 und die Determinantenquotienten $a_0 = \frac{W_0}{W}$ und $a_1 = -\frac{W_1}{W}$ sind Differentialinvarianten zweiter Ordnung.

Beweis. Für eine beliebige binäre Form $f(y_1, y_2) = \sum_{i=0}^{m} b_i y_1^{m-i} y_2^i$ gilt die Identität

$$\begin{pmatrix} y_1 & y_2 \\ y_1' & y_2' \end{pmatrix} \cdot \begin{pmatrix} f_{y_1} \\ f_{y_2} \end{pmatrix} = \begin{pmatrix} mf \\ f' \end{pmatrix} \quad \text{bzw.} \quad \frac{1}{W}\begin{pmatrix} y_2' & -y_2 \\ -y_1' & y_1 \end{pmatrix} \cdot \begin{pmatrix} mf \\ f' \end{pmatrix} = \begin{pmatrix} f_{y_1} \\ f_{y_2} \end{pmatrix}.$$

Insbesondere gilt für die beiden Formen $\frac{\partial f}{\partial y_1} = f_{y_1}$ und $\frac{\partial f}{\partial y_2} = f_{y_2}$ der Grade $m-1$:

$$\frac{1}{W}\begin{pmatrix} y_2' & -y_2 \\ -y_1' & y_1 \end{pmatrix} \begin{pmatrix} (m-1)f_{y_1} \\ f_{y_1}' \end{pmatrix} = \begin{pmatrix} f_{y_1 y_1} \\ f_{y_1 y_2} \end{pmatrix}, \quad \frac{1}{W}\begin{pmatrix} y_2' & -y_2 \\ -y_1' & y_1 \end{pmatrix} \begin{pmatrix} (m-1)f_{y_2} \\ f_{y_2}' \end{pmatrix} = \begin{pmatrix} f_{y_2 y_1} \\ f_{y_2 y_2} \end{pmatrix}.$$

Daraus erhält man durch rückwärtiges Einsetzen in $H(f) = f_{y_1 y_1} f_{y_2 y_2} - f_{y_1 y_2} f_{y_2 y_1}$ und $J(f, g) = f_{y_1} g_{y_2} - f_{y_2} g_{y_1}$ unter Verwendung der Wronski-Determinante und der Differentialgleichung $\frac{\Delta}{W} = 0$ für $n = 2$ die gesuchten Ausdrücke. □

Es genügt also, eine nicht-triviale rationale Lösung der kleinsten in Frage kommenden symmetrischen Potenz von $L(y) = 0$ zu berechnen. Mit Lemma 3.3.6 können dann aus dieser kleinsten rationalen Invariante die beiden noch verbleibenden fundamentalen rationalen Invarianten bestimmt werden. Hat man erst die rationalen Invarianten, bekommt man deren Konstanten aus den Syzygien, wie der folgende Satz zeigt.

Satz 3.3.7
Es sei $L(y) = 0$ eine irreduzible lineare Differentialgleichung zweiter Ordnung über k mit endlicher primitiver unimodularer Galoisgruppe $\mathcal{G}(L)$ und r deren kleinste rationale Invariante (d.h. $I_1 = c \cdot r \quad (c \in \mathcal{C},\ c \neq 0)$). Wird im Falle von $a_1 = 0$ die Wronski-Determinante $W = 1$ gesetzt, dann ist für

$$\begin{aligned} \mathcal{G}(L) \cong A_4^{\mathrm{SL}_2}: &\quad (25J(r,H(r))^2 + 64H(r)^3)\,c^2 + 10^6 \cdot 108r^4 = 0 \\ \mathcal{G}(L) \cong S_4^{\mathrm{SL}_2}: &\quad (49J(r,H(r))^2 + 144H(r)^3)\,c - 118013952r^3H(r) = 0 \\ \mathcal{G}(L) \cong A_5^{\mathrm{SL}_2}: &\quad (121J(r,H(r))^2 + 400H(r)^3)\,c + 708624400 \cdot 1728r^5 = 0 \end{aligned}$$

eine bestimmende Gleichung für die rationale Invariante r.

Beweis. Es seien $H(f) = \frac{1}{W^2}\tilde{H}(f)$, $J(f,g) = \frac{1}{W}\tilde{J}(f,g)$ und falls W konstant $J(f,H(f)) = \frac{1}{W^3}\tilde{J}(f,\tilde{H}(f))$. Dann gilt

$$\begin{aligned} H(c\cdot r) &= c^2H(r) = \frac{c^2}{W^2}\tilde{H}(r) \\ J(c\cdot r, H(c\cdot r)) &= c^3J(r,H(r)) \end{aligned}$$

und falls W konstant (d.h. $a_1 = 0$)

$$J(c\cdot r, H(c\cdot r)) = \frac{c^3}{W^3}\tilde{J}(r,\tilde{H}(r)).$$

Weiter sei $I_1 = c\cdot r$. Durch Einsetzen der jeweiligen Ausdrücke für die Fundamentalinvarianten in die entsprechenden Syzygien, siehe Abschnitt 3.1.2, bekommt man im Falle von $a_1 = 0$ für

$$\begin{aligned} \mathcal{G}(L) \cong A_4^{\mathrm{SL}_2}: &\quad \left(\left(\tfrac{\tilde{J}(r,\tilde{H}(r))}{8\cdot 25}\right)^2 + \left(\tfrac{\tilde{H}(r)}{25}\right)^3\right)c^2 + 108r^4W^6 = 0 \\ \mathcal{G}(L) \cong S_4^{\mathrm{SL}_2}: &\quad \left(\left(\tfrac{\tilde{J}(r,\tilde{H}(r))}{16\cdot 9408}\right)^2 + 108\left(\tfrac{\tilde{H}(r)}{9408}\right)^3\right)c - \tfrac{r^3\tilde{H}(r)}{9408}W^4 = 0 \\ \mathcal{G}(L) \cong A_5^{\mathrm{SL}_2}: &\quad \left(\left(\tfrac{\tilde{J}(r,\tilde{H}(r))}{20\cdot 121}\right)^2 + \left(\tfrac{\tilde{H}(r)}{121}\right)^3\right)c + 1728r^5W^6 = 0. \end{aligned}$$

Zur Erfüllung dieser Gleichungen kann jeweils eine der beiden Konstanten c und W von Null verschieden frei gewählt werden. Setzt man jeweils $W = 1$, folgt mit den obigen Beziehungen die Behauptung für $a_1 = 0$. Auf ähnliche Weise erhält man für $a_1 \neq 0$ die Gleichungen

$$\mathcal{G}(L) \cong A_4^{\mathrm{SL}_2}: \quad \left(\left(\frac{J(r,H(r))}{8\cdot 25}\right)^2 + \left(\frac{H(r)}{25}\right)^3\right) c^2 + 108r^4 = 0$$

$$\mathcal{G}(L) \cong S_4^{\mathrm{SL}_2}: \quad \left(\left(\frac{J(r,H(r))}{16\cdot 9408}\right)^2 + 108\left(\frac{H(r)}{9408}\right)^3\right) c - \frac{r^3 H(r)}{9408} = 0$$

$$\mathcal{G}(L) \cong A_5^{\mathrm{SL}_2}: \quad \left(\left(\frac{J(r,H(r))}{20\cdot 121}\right)^2 + \left(\frac{H(r)}{121}\right)^3\right) c + 1728r^5 = 0.$$

□

Die bestimmende Gleichung für die kleinste rationale Invariante kann durch die Auswertung an einem beliebigen regulären Punkt von $L(y) = 0$ gelöst werden, da sie für alle regulären Punkte gelten muß.
Satz 3.3.7 ermöglicht somit für lineare Differentialgleichungen zweiter Ordnung mit primitiver unimodularer Galoisgruppe das Bestimmen eines Minimalpolynoms einer Lösung ohne die Berechnung einer Gröbner-Basis.

3.3.3 Der Algorithmus

Aufbauend auf den Ergebnissen der beiden letzten Abschnitte, wird hier folgendes Verfahren als eine Alternative zu den bereits bekannten Algorithmen [49], [79] und [89] vorgeschlagen. Dabei sei zur Lösung einer reduziblen Differentialgleichung auf die eben genannten Methoden verwiesen oder man verwende den Fall 4(a) von Algorithmus 4.4.1. Rationale Lösungen können z.B. mit dem in Bronstein [12] beschriebenen Algorithmus berechnet werden. Weiter ist es möglich mit der Methode von van Hoeij und Weil [91] die rationalen Invarianten zu berechnen, ohne erst symmetrische Potenzen bestimmen zu müssen.

Algorithmus 3.3.8
Eingabe: lineare Differentialgleichung $L(y) = 0$ mit $\mathcal{G}(L) \subseteq \mathrm{SL}(2, C)$
Ausgabe: Fundamentalsystem $\{y_1, y_2\}$ von $L(y) = 0$ bzw.
Minimalpolynom einer Lösung

1. Test, ob $L(y) = 0$ reduzibel ist. Falls ja: Berechnen einer exponentiellen Lösung und einer weiteren liouvilleschen Lösung z.B. mit Algorithmus 4.4.1 Fall 4(a).
2. Test, ob $L^{Ⓢ4}(y) = 0$ nicht-triviale rationale Lösungen besitzt.
   (a) Falls der rationale Lösungsraum eindimensional ist: Anwenden von Satz 3.3.2.

(b) Falls der rationale Lösungsraum zweidimensional ist:
Entweder Setzen von $r = c_1r_1 + c_2r_2$, $C = 1$ und Anwenden von Satz 3.3.2
oder Berechnen der rationalen Lösung von $L^{ⓢ6}(y) = 0$ und Bestimmen der drei rationalen Invarianten von I_{4a}, I_{4b} und I_6 (z.B. durch eine Gröbner-Basis Berechnung) aus der Syzygie (3.1) für $n = 2$. Anschließend[3]: Einsetzen der rationalen Invarianten in Gleichung (3.6).

3. Sukzessives Testen, ob $L^{ⓢm}(y) = 0$ für ein $m \in \{6, 8, 12\}$ eine nichttriviale rationale Lösung besitzt. Falls ja: Berechnen der beiden verbleibenden rationalen Invarianten mit Lemma 3.3.6 und Bestimmen der entsprechenden Konstanten (Proposition 3.2.4) mit Satz 3.3.7. Das Einsetzen in das entsprechende in Invarianten zerlegte Minimalpolynom aus Abschnitt 3.1.2 liefert das Minimalpolynom einer Lösung.
4. $L(y) = 0$ besitzt keine liouvillesche Lösung.

Im folgenden wird zu jedem der Fälle 2(a), 2(b) und 3 von Algorithmus 3.3.8 ein Beispiel mit dem Computeralgebra-System AXIOM 1.2 (siehe Jenks und Sutor [39]) gelöst.

Beispiel 3.3.9 (siehe Weil [95] S. 93f, [89] S. 17f)
Die Differentialgleichung

$$L(y) = y'' - \frac{2}{2x-1}y' + \frac{(27x^4 - 54x^3 + 5x^2 + 22x + 27)(2x-1)^2}{144x^2(x-1)^2(x^2-x-1)^2}y = 0$$

ist irreduzibel und hat wegen $\frac{W'}{W} = \frac{2}{2x-1}$ und $W \in k$ eine unimodulare Galoisgruppe. Ihre vierte symmetrische Potenz $L^{ⓢ4}(y) = 0$ besitzt einen eindimensionalen rationalen Lösungsraum. Er wird von $r = x(x-1)(x^2-x-1)^2$ erzeugt. Die Konstante C wird durch

$$\frac{(36C^2 - 4)x^2 + (-36C^2 + 4)x + 9C^2 - 1}{36x^6 - 108x^5 + 36x^4 + 108x^3 - 36x^2 - 36x} = 0$$

bestimmt bzw. für den regulären Punkt $x_0 = 2$ durch

$$9C^2 - 1 = 0.$$

Das Integral $\int \frac{W}{\sqrt{9r}}$ berechnet sich zu

$$\int \frac{2x-1}{\sqrt{9x(x-1)(x^2-x-1)^2}} = \frac{1}{3}\log\frac{(-2x-1)\sqrt{x(x-1)} + 2x^2 - 1}{(-2x+3)\sqrt{x(x-1)} + 2x^2 - 4x + 1}.$$

[3]oder Anwenden von Satz 3.3.2 auf die rationale Invariante von I_{4a}

Damit besitzt $L(y) = 0$ beispielsweise das Fundamentalsystem der beiden Lösungen

$$y_{1,2} = \sqrt[4]{x(x-1)(x^2-x-1)^2}\left(\frac{(-2x+3)\sqrt{x(x-1)}+2x^2-4x+1}{(-2x-1)\sqrt{x(x-1)}+2x^2-1}\right)^{\pm\frac{1}{6}}.$$

Zu diesem Fundamentalsystem gehört die Invariante $I_4 = x(x-1)(x^2-x-1)^2$. Das Einsetzen beider Lösungen in die Invariante I_{2n} für $n = 3$ ergibt

$$I_6 = 4x^2(x-1)^2(x^2-x-1)^2.$$

Daher ist $\mathcal{G}(L) \cong D_3^{\mathrm{SL}_2}$. Aus der Relation (3.1) bekommt man die noch fehlende Fundamentalinvariante

$$I_8 = \sqrt{I_4 I_6^2 + 4I_4^4} = 2x^2(x^2-x+1)(x-1)^2(x^2-x-1)^3.$$

◇

Beispiel 3.3.10 (siehe Ulmer [88] S. 396ff, [99])
Wir betrachten die von Hendriks und van der Put konstruierte irreduzible Differentialgleichung

$$L(y) = y'' + \frac{27x}{8(x^3-2)^2}y = 0.$$

Ihre vierte symmetrische Potenz $L^{\circledS 4}(y) = 0$ besitzt einen zweidimensionalen rationalen Lösungsraum, der von $r_1 = x^3 - 2$ und $r_2 = x(x^3-2)$ erzeugt wird. Nach Korollar 3.2.2 ist die zu $L(y) = 0$ gehörende Galoisgruppe $\mathcal{G}(L) \cong D_2^{\mathrm{SL}_2}$. Der rationale Lösungsraum von $L^{\circledS 6}(y) = 0$ wird von $r_3 = (x^3-2)^2$ erzeugt. Wird der Ansatz

$$I_{4a} = c_1(x^3-2) + c_2 x(x^3-2), \quad I_{4b} = c_3(x^3-2) + c_4 x(x^3-2), \quad I_6 = c_5(x^3-2)^2$$

in die Relation (3.1) für $n = 2$ eingesetzt, erhält man die Bedingung:

$$\begin{aligned}
&({c_5}^2 - c_2{c_4}^2 + 4{c_2}^3)x^{12} + (-c_1{c_4}^2 - 2c_2c_3c_4 + 12\,c_1{c_2}^2)x^{11}\\
&+ (-2c_1c_3c_4 - c_2{c_3}^2 + 12{c_1}^2c_2)x^{10} + (-8{c_5}^2 + 6c_2{c_4}^2 - c_1{c_3}^2 - 24{c_2}^3 + 4{c_1}^3)x^9\\
&+ (6c_1{c_4}^2 + 12c_2c_3c_4 - 72c_1{c_2}^2)x^8 + (12c_1c_3c_4 + 6c_2{c_3}^2 - 72{c_1}^2c_2)x^7\\
&+ (24{c_5}^2 - 12c_2{c_4}^2 + 6c_1{c_3}^2 + 48{c_2}^3 - 24{c_1}^3)x^6 +\\
&(-12c_1{c_4}^2 - 24c_2c_3c_4 + 144c_1{c_2}^2)x^5 + (-24c_1c_3c_4 - 12c_2{c_3}^2 + 144{c_1}^2c_2)x^4 +\\
&(-32{c_5}^2 + 8c_2{c_4}^2 - 12c_1{c_3}^2 - 32{c_2}^3 + 48{c_1}^3)x^3 + (8c_1{c_4}^2 + 16c_2c_3c_4 - 96c_1{c_2}^2)x^2\\
&+ (16c_1c_3c_4 + 8c_2{c_3}^2 - 96{c_1}^2c_2)x + 16{c_5}^2 + 8c_1{c_3}^2 - 32{c_1}^3 = 0.
\end{aligned}$$

Zu deren Erfüllung müssen sämtliche Koeffizienten identisch verschwinden. Die

Relation (3.1) läßt unendlich viele Lösungen zu. Man kann beispielsweise $c_4 - \lambda = 0$ zu den obigen Koeffizientengleichungen hinzunehmen und davon für $c_1 \succ c_2 \succ c_3 \succ c_4 \succ c_5$ eine lexikographische Gröbner-Basis berechnen. Wird hiervon eine Idealzerlegung mit dem Algorithmus **groebnerFactorize** unter Berücksichtigung der Nebenbedingung $c_5 \neq 0$ durchgeführt, bekommt man das (parametrisierte) Ideal ($\lambda \neq 0$)

$$\{\lambda^3 c_1 + \frac{3}{4}c_3 c_5^2,\ \lambda^2 c_2 - \frac{3}{4}c_5^2,\ c_3^3 - 2\lambda^3,\ c_4 - \lambda,\ c_5^4 + \frac{4}{27}\lambda^6\}$$

bzw. aufgelöst die Punktemenge

$$\mathcal{P} = \left\{ \begin{array}{c} \left\{c_1 = -\frac{\frac{3}{4}c_3 c_5{}^2}{\lambda^3}\right\}, \left\{c_2 = \frac{\frac{3}{4}c_5{}^2}{\lambda^2}\right\}, \\ \left\{c_3 = \sqrt[3]{2\lambda^3},\ c_3 = \left(\pm\frac{1}{2}\sqrt{-1}\sqrt{3} - \frac{1}{2}\right)\sqrt[3]{2\lambda^3}\right\}, \{c_4 = \lambda\}, \\ \left\{c_5 = \pm\sqrt[4]{-\frac{4}{27}\lambda^6},\ c_5 = \pm\sqrt{-1}\sqrt[4]{-\frac{4}{27}\lambda^6}\right\} \end{array} \right\}.$$

Durch $\mathcal{P}$ sind alle möglichen Wahlen der Konstanten für die Fundamentalinvarianten erfaßt. Beispielsweise erfüllen

$$(c_1, c_2, c_3, c_4) = (\frac{1}{6}\sqrt{-3}\sqrt[3]{2}\lambda,\ -\frac{1}{6}\sqrt{-3}\lambda,\ \sqrt[3]{2}\lambda,\ \lambda)$$

die hinreichende Bedingung für die rationalen Invarianten. Durch Einsetzen dieser Punkte in Gleichung (3.6) für $n = 2$ erhält man die beiden Lösungen

$$y_{1,2} = \sqrt[4]{\frac{1}{6}\lambda(x^3 - 2)\left(3x + 3\sqrt[3]{2} \pm 2\sqrt{3\left(x^2 + \sqrt[3]{2}\,x + \sqrt[3]{2}^2\right)}\right)}.$$

◇

Beispiel 3.3.11 (siehe [79] S. 68, [49] S. 23, [89], [33])
Zur Illustration des Verfahrens im primitiven Fall betrachten wir die irreduzible Differentialgleichung von Kovacic [49]

$$L(y) = y'' + \left(\frac{3}{16x^2} + \frac{2}{9(x-1)^2} - \frac{3}{16x(x-1)}\right) y = 0.$$

Ihre vierte symmetrische Potenz $L^{Ⓢ4}(y) = 0$ besitzt keine nicht-triviale rationale Lösung. Dagegen hat $L^{Ⓢ6}(y) = 0$ einen von der rationalen Invariante $r = x^2(x-1)^2$ erzeugten eindimensionalen rationalen Lösungsraum. Nach Proposition 3.2.4 ist damit die zu $L(y) = 0$ gehörende Galoisgruppe $\mathcal{G}(L) \cong A_4^{\mathrm{SL}_2}$

(vgl. [49]).
Für $W = 1$ berechnen sich die beiden weiteren rationalen Invarianten zu

$$H(r) = \frac{25}{4}x^2(x-1)^3$$

und

$$J(r, H(r)) = -\frac{25}{2}x^3(x-1)^4(x-2).$$

Man erhält aus diesen rationalen Invarianten die bestimmende Gleichung für r

$$\begin{aligned}(c^2+27648)x^{16} + (-8c^2-221184)x^{15} + (28c^2+774144)x^{14} - \\ (56c^2+1548288)x^{13} + (70c^2+1935360)x^{12} - (56c^2+1548288)x^{11} + \\ (28c^2+774144)x^{10} - (8c^2+221184)x^9 + (c^2+27648)x^8 &= 0,\end{aligned}$$

bzw. für den regulären Punkt $x_0 = 2$ die Gleichung

$$c^2 + 27648 = 0.$$

Also ist $c = \pm 96\sqrt{-3}$. Setzt man nun

$$\begin{aligned} I_1 &= \frac{1}{4} \cdot c \cdot r = 24\sqrt{-3}\, x^2(x-1)^2 \\ I_2 &= -\frac{5}{80} \cdot \frac{-1}{25} c^2 H(r) = -432x^2(x-1)^3 \\ I_3 &= -\frac{1}{16} \cdot \frac{1}{8} \cdot \frac{-1}{25} c^3 J(r, H(r)) = 10368\sqrt{-3}\, x^3(x-1)^4(x-2) \end{aligned}$$

in das in Invarianten zerlegte Minimalpolynom (3.2) ein, ergibt sich das gesuchte Minimalpolynom einer Lösung:
$\mathbf{Y}^{24} - 4320x^2(x-1)^3\mathbf{Y}^{16} + 51840\sqrt{-3}\, x^3(x-1)^4(x-2)\mathbf{Y}^{12} - 2799360x^4(x-1)^6\mathbf{Y}^8 + 4478976\sqrt{-3}\, x^5(x-1)^7(x-2)\mathbf{Y}^4 + 2985984x^8(x-1)^8$.

◇

3.4 Anmerkungen

Die Arbeiten von Fuchs sind nicht einfach zu lesen. Den hier vorgestellten Algorithmus hat der Autor erst selbst entwickelt und dann entdeckt, daß dieser im Grunde eine Neuformulierung und Verbesserung der Fuchsschen Methode darstellt. Gleichwohl ist das hier vorgestellte Verfahren wesentlich effizienter. Der Grund dafür liegt in der Verwendung *aller* absoluten Fundamentalinvarianten der zugehörigen Galoisgruppe; denn dies erlaubt, die Konstanten aus den

Syzygien zu berechnen.
Trotzdem kann dieser Algorithmus prinzipiell nicht effizienter sein als der Algorithmus von Ulmer und Weil [89]. Beide Verfahren benötigen den gleichen Zeitaufwand. Während jedoch im Algorithmus von Ulmer und Weil konsistent in allen Fällen das Minimalpolynom der logarithmischen Ableitung einer Lösung über eine Rekursion für dessen Koeffizienten berechnet wird, liegt der Vorteil dieses Verfahrens in der möglichst expliziten Bestimmung der Lösungen. Dabei werden die Lösungen bzw. deren Minimalpolynome von irreduziblen Differentialgleichungen sogar per Formeln bestimmt. Ist die zur Differentialgleichung gehörende Gruppe die Tetraeder- oder die Oktaeder-Gruppe, kann man die beiden algebraischen Fundamentallösungen noch in Radikalen darstellen.[4]

In diesem Kapitel wird der Zusammenhang zwischen der Bestimmung der Galoisgruppe, den rationalen Invarianten und den liouvilleschen Lösungen einer gegebenen (irreduziblen) Differentialgleichung zweiter Ordnung auf eine sehr explizite Art deutlich. Im imprimitiven Fall ist es einfacher, erst liouvillesche Lösungen zu berechnen und aus diesen (evtl.) die restlichen rationalen Invarianten und die Gruppe zu bestimmen, dagegen ist es im primitiven Fall der bessere Weg, erst die Galoisgruppe zu bestimmen und daraus die fehlenden rationalen Invarianten und das Minimalpolynom einer Lösung zu berechnen. Auch wird deutlich, daß in den liouvilleschen Lösungen bzw. deren Minimalpolynomen stets *alle* fundamentalen rationalen Invarianten enthalten sind.

[4]Ein allgemeiner Lösungsansatz zu diesem Problem ist z.B. in Sturmfels [83] Problem 2.7.5 beschrieben (vgl. auch Weil [95] Abschnitt III.5).

Kapitel 4

Differentialgleichungen höherer Ordnung

In diesem Kapitel wird ein allgemeines Verfahren zur Lösung linearer Differentialgleichungen beliebiger Ordnung gegeben, welches *alle* liouvilleschen Lösungen berechnet, während die bekannten Verfahren mit denselben Hilfsmitteln nur eine liouvillesche Lösung finden. Bei Gleichungen höherer Ordnung läßt sich der Fall einer reduziblen Galoisgruppe nicht mehr wie bei Gleichungen zweiter Ordnung allein auf das Finden exponentieller Lösungen zurückführen. Zur Behandlung dieses Falles wird stark die algebraische Struktur linearer Differentialgleichungen ausgenutzt. Man beschreibt sie durch die zu den Differentialgleichungen gehörenden Differentialoperatoren. Daher wird zunächst in die Theorie der gewöhnlichen linearen Differentialoperatoren eingeführt. Aus den daraus gewonnenen Eigenschaften der Faktorisierung und Umstellung wird zusammen mit der Methode der Variation der Konstanten das allgemeine Verfahren zur Berechnung liouvillescher Lösungen gewöhnlicher linearer Differentialgleichungen über den rationalen Funktionen hergeleitet. Da der Prozeß der Umstellung sehr aufwendig ist, wird für Gleichungen bis zur dritten Ordnung im Anschluß daran eine effizientere Methode gegeben.

Auch wird die Vorgehensweise aus Abschnitt 3.3.2 zur Berechnung der Konstanten aus den Syzygien im Fall einer primitiven endlichen Galoisgruppe auf viele Gleichungen beliebiger Ordnung verallgemeinert. Es reicht hier in vielen Fällen die Homomorphie der Abbildung zwischen den Invarianten und ihrer rationalen Invarianten aus. Es besteht natürlich auch die Möglichkeit durch eine Transformation der Differentialgleichung auf eine Differentialgleichung derselben Art, diese Abbildung zu einem Isomorphismus zu machen. Dann gilt die angegebene Methode in allen Fällen.

Der Vorberechnungsschritt von in Invarianten zerlegten Minimalpolynomen für den Fall einer endlichen primitiven Galoisgruppe ist für Differentialgleichungen höherer als zweiter Ordnung sehr aufwendig. Es wird ein effizienter Algorithmus zu deren Berechnung entwickelt, der ausnutzt, daß man in Invarianten zerlegte elementarsymmetrische Polynome durch in Invarianten zerlegte Potenzsummen ausdrücken kann.

4.1 Lineare Differentialoperatoren

Eine gewöhnliche homogene lineare Differentialgleichung

$$L(y) = y^{(n)} + a_{n-1}y^{(n-1)} + \ldots + a_1 y' + a_0 y = 0 \qquad (a_i \in k) \tag{4.1}$$

kann in eindeutiger Weise in ihre Operatorform

$$L[y] = (D^n + a_{n-1}D^{n-1} + \ldots + a_1 D + a_0)[y] = 0 \tag{4.2}$$

transformiert werden. Hierbei gilt $D^i y = y^{(i)}$, d.h. D^i ist nur eine andere Schreibweise für die $i$te Derivation von y. L ist der zur Gleichung (4.1) gehörende Differentialoperator.

Im folgenden werden die Differentialoperatoren formal eingeführt und ihre algebraische Struktur beschrieben. Daraus erhält man schließlich wichtige Eigenschaften und Konzepte zur Lösung von Differentialgleichungen. Die hier gewählte Darstellung folgt im wesentlichen der Darstellung aus Bronstein und Petkovšek [15], [16].

4.1.1 Schiefpolynome

Die mathematische Grundlage für gewöhnliche lineare Differentialoperatoren bildet die von O. Ore [65] 1933 eingeführte Theorie der nicht-kommutativen univariaten Polynomringe (Schiefpolynome).

Es sei k ein Körper und $\sigma : k \longrightarrow k$ ein injektiver Endomorphismus von k. Eine Abbildung $\delta : k \longrightarrow k$ mit

$$\begin{aligned} \delta(a+b) &= \delta a + \delta b \\ \delta(ab) &= \sigma(a)\delta b + \delta a\, b \end{aligned}$$

für alle $a, b \in k$ heißt *Pseudo-Derivation bzgl. σ.*

Die Regel für eine Derivation erhält man hieraus mit $\sigma = \mathrm{id}_k$. Eine Charakterisierung aller Pseudo-Derivationen findet man in [16]. Die Menge der Konstanten $C_{\sigma,\delta} = \{a \in k \mid \sigma(a) = a \text{ und } \delta a = 0\}$ bildet einen Unterkörper von k.

Ein *Links-Schiefpolynomring* mit σ und δ ist der Ring $(k[x], +, \cdot)$ aus Polynomen in x über k gegeben durch die gewöhnliche Polynomaddition und einer Multiplikation durch

$$xa = \sigma(a)x + \delta a$$

für alle $a \in k$. Die so definierte Multiplikation kann leicht durch Ausnutzen der Assoziativität und Distributivität in eindeutiger Weise auf beliebige Polynome erweitert werden. Man bezeichnet einen Links-Schiefpolynomring mit $k[x; \sigma, \delta]$ und seine Elemente als *Schiefpolynome* bzw. *Ore-Polynome*.
Für beliebige Schiefpolynome $A, B \in k[x; \sigma, \delta] \setminus \{0\}$ gilt die Ungleichung

$$\deg(AB) = \deg(A) + \deg(B) \geq \max(\deg(A), \deg(B))$$

(siehe z.B. Bronstein und Petkovšek [15]). Hierbei bezeichne deg die gewöhnliche Gradfunktion von Polynomen. Setzt man zusätzlich $\deg(0) = -\infty$ ist obige Ungleichung sogar für alle A und B erfüllt. Weiter folgt aus ihr, daß $k[x; \sigma, \delta]$ keine Nullteiler enthält und die Gradfunktion der Bedingung einer euklidischen Norm genügt. Somit existiert ein (erweiterter) rechtseuklidischer Algorithmus und man kann zu je zwei Elementen $A, B \in k[x; \sigma, \delta] \setminus \{0\}$ ein kleinstes von Null verschiedenes gemeinsames Links-Vielfaches bestimmen. Dies ist die sogenannte *Ore-Bedingung*, d.h. $k[x; \sigma, \delta]$ ist ein *Links-Ore-Ring*.
Es gilt

Satz 4.1.1 *(Ore [65]; [15], Theorem 1)*
Es seien k, σ und δ wie oben gegeben. Dann ist $k[x; \sigma, \delta]$ ein Links-Ore-Ring. Ist σ ein Automorphismus von k, dann ist $k[x; \sigma, \delta]$ auch ein Rechts-Ore-Ring.

Algorithmen zu den angegebenen Operationen findet man beispielsweise in [16].
Es sei V ein Vektorraum über k. Eine Abbildung $\theta : V \longrightarrow V$ mit

$$\begin{aligned} \theta(u + v) &= \theta u + \theta v \\ \theta(au) &= \sigma(a)\theta u + \delta a \, u \end{aligned}$$

für alle $u, v \in V$ und $a \in k$ heißt *k-pseudo-linear bzgl. σ und δ*. Hieraus folgt in einfacher Weise, daß jede k-pseudo-lineare Abbildung auch $C_{\sigma,\delta}$-linear ist (siehe [15], Lemma 1). Jede k-pseudo-lineare Abbildung θ induziert eine Operation $\circ : k[x; \sigma, \delta] \times V \longrightarrow V$ durch

$$\left(\sum_{i=0}^{n} a_i x^i \right) \circ u = \sum_{i=0}^{n} a_i \theta^i u$$

für alle $u \in V$. Da diese Operation bezüglich der Konstanten $\mathcal{C}_{\sigma,\delta}$ von k linear ist, kann man die Elemente von $k[x;\sigma,\delta]$ auch als lineare Operatoren auf V betrachten. Weiter gilt

Satz 4.1.2 *(siehe [15], Theorem 2)*
Für alle $A, B \in k[x;\sigma,\delta]$ und alle $u \in V$ gilt

$$(AB) \circ u = A \circ (B \circ u).$$

Satz 4.1.2 besagt nun, daß die Multiplikation von Schiefpolynomen gerade der Komposition von Operatoren entspricht.
Man nennt jedes $u \in V$ mit $A \circ u = 0$ *Lösung* oder *Nullstelle* von A. Wegen der $\mathcal{C}_{\sigma,\delta}$-Linearität dieser Operation bilden die Lösungen von A einen Vektorraum über $\mathcal{C}_{\sigma,\delta}$.
Der Ring $k[x;\sigma,\delta]$ ist erweiterbar auf $K[x;\Sigma,\Delta]$, falls mit der Körpererweiterung K von k und einer geeigneten Fortsetzung von δ auf Δ und σ auf Σ obige Regeln und Voraussetzungen für eine Pseudo-Derivation erfüllt bleiben.

Definition 4.1.3
Ein $P \in k[x;\sigma,\delta]$ heißt reduzibel, *falls es zwei Elemente $A, B \in k[x;\sigma,\delta]$, $A, B \notin k$ gibt mit $P = AB$, sonst* irreduzibel.
Ist P reduzibel, dann heißen A und B Faktoren *von P.*

Ein Algorithmus zur Faktorisierung von Schiefpolynomen findet man in [16].
Für jeden Differentialkörper k mit Derivation $'$ bildet $k[D;\mathrm{id}_k,{}']$ den *Ring der linearen gewöhnlichen Differentialoperatoren* unter der Komposition. Wenn klar ist, welche Derivation man meint, bezeichnet man diesen Ring mit $k[D]$. Zu jedem Differentialoperator ist ein *adjungierter Operator* durch

$$\left(\sum_{i=0}^{n} a_i D^i\right)^* = \sum_{i=0}^{n} (-1)^i D^i a_i$$

definiert. Es ist leicht zu zeigen, daß für beliebige $L_1, L_2 \in k[D]$ die Identitäten

$$\begin{aligned} (L_1^*)^* &= L_1 \\ \deg(L_1^*) &= \deg(L_1) \\ (L_1 + L_2)^* &= L_1^* + L_2^* \\ (L_1 L_2)^* &= L_2^* L_1^* \end{aligned}$$

erfüllt sind. Bei einem zusammengesetzten Operator $L \in k[D]$ entsprechen damit die linken Faktoren von L den rechten Faktoren von L^* und umgekehrt.

4.1.2 Zerlegungen von linearen Differentialoperatoren

Ein linearer Differentialoperator über k kann stets in irreduzible Faktoren über k zerlegt werden (siehe z.B. Loewy [51, S. 565]). Jedoch braucht eine solche Zerlegung nicht eindeutig zu sein, wie folgendes Beispiel zeigt.

Beispiel 4.1.4
Der lineare Differentialoperator

$$L = D^3 - \frac{1}{x}D^2 - xD$$

über $\bar{\mathbb{Q}}(x)$ besitzt die beiden verschiedenen Zerlegungen

$$L = \left(D^2 - \frac{1}{x}D - x\right)D = \left(D - \frac{1}{x}\right)(D^2 - x)\,. \tag{4.3}$$

◇

Auf der anderen Seite legen die Grade der Faktoren einer Zerlegung nach einem Satz von Landau bereits die Grade der Faktoren aller Zerlegungen fest, aber nicht deren Reihenfolge.

Satz 4.1.5 *(siehe [51, S. 566])*
Alle Zerlegungen eines linearen Differentialoperators in irreduzible Faktoren besitzen die gleiche Anzahl von Faktoren. Die Grade der Faktoren sind bis auf die Reihenfolge gleich.

Ähnlich wie in Abschnitt 2.1 zwischen (allgemein) reduziblen und vollständig reduziblen Darstellungen unterschieden wird, unterscheidet man auch reduzible Differentialoperatoren. Man nennt einen Differentialoperator *vollständig reduzibel* über k, falls er ein kleinstes gemeinsames Links-Vielfaches von irreduziblen Operatoren über k ist (siehe Loewy [52, S. 95]). Insbesondere sind über k irreduzible Operatoren vollständig reduzibel. Zum Beispiel ist der Operator L aus Beispiel 4.1.4 vollständig reduzibel, denn er ist das kleinste gemeinsame Links-Vielfache der beiden rechten Faktoren der in (4.3) angegebenen Zerlegungen.

Ein weiterer wichtiger Begriff ist der sogenannte *Artbegriff*. Er wurde ursprünglich von Poincaré eingeführt. Zwei (irreduzible) Differentialoperatoren $A, B \in k[D]$ vom Grad n sind *von derselben Art*, wenn es einen Operator $C \in k[D]$ vom Grad höchstens $n-1$ gibt, der die Lösungen y von A auf Lösungen $C[y]$ von B *transformiert*. Sind zwei Operatoren gleichen Grades von derselben Art, sind sie auch *gegenseitig von derselben Art* und besitzen dieselbe Differential-Galoisgruppe (siehe Schlesinger [70, S. 121]). Aus dieser Tatsache folgt auch: Wenn ein irreduzibler Operator liouvillesche Lösungen hat, dann

besitzt auch jeder Operator derselben Art liouvillesche Lösungen.
In [51, S. 554f] wird der Artbegriff allgemeiner für Operatoren verschiedenen Grades definiert. Auch werden hier im Gegensatz zu Tsarev [84, S. 227] ähnliche Operatoren und Operatoren derselben Art unterschieden. Zwei Operatoren $A, B \in k[D]$ heißen *ähnlich*, wenn es zwei nichttriviale Funktionen $f, g \in k$, d.h. von Null verschiedene Differentialoperatoren nullten Grades gibt mit

$$Af = gB,$$

siehe Loewy [55, S. 4].
Zwei irreduzible Differentialoperatoren $A, B \in k[D]$ heißen im Produkt AB *umstellbar*, falls es zwei Operatoren $A_1, B_1 \in k[D]$ gibt mit $AB = B_1A_1$, $B_1 \neq A$ und $A_1 \neq B$. Man bezeichnet dann auch das Produkt als umstellbar und es ist weiter A mit A_1 von derselben Art und B mit B_1 von derselben Art. Der Operator B transformiert den Operator A_1 in den Operator A (siehe Ore [63, S. 231] und [84, S. 227]). Der folgende Satz ist eine verschärfte Form von Satz 1 aus Loewy [53] (siehe auch Singer [77] Proposition 2.11).

Satz 4.1.6 *(Ore [63, Satz 11])*
Jeder Differentialoperator besitzt über dem Körper k eine Zerlegung in Primfaktoren. Wenn derselbe Operator verschiedene Zerlegungen besitzt, so ist die Anzahl der Primfaktoren in beiden Fällen dieselbe, die Faktoren sind paarweise von derselben Art, und man kann die eine Zerlegung aus der anderen durch sukzessive Umstellungen der Faktoren ableiten.

Neben einer Zerlegung in irreduzible Faktoren, was man im allgemeinen auch unter dem Begriff der Faktorisierung versteht, kann man Operatoren auch in größte vollständig reduzible Faktoren zerlegen. Bei verschiedenen solchen Zerlegungen sind die Faktoren sich jeweils sogar ähnlich, d.h. die Lösungen der Faktoren unterscheiden sich nur um eine rationale Funktion aus k. Mehr noch, verlangt man zusätzlich, daß der Leitkoeffizient jedes Faktors Eins ist, dann ist die Zerlegung in größte vollständig reduzible Faktoren sogar eindeutig bestimmt (siehe Loewy [55, Satz I]).

4.2 Methode der Variation der Konstanten

Zur Lösung einer inhomogenen linearen Differentialgleichung $n$ter Ordnung

$$L(y) = y^{(n)} + a_{n-1}y^{(n-1)} + \ldots + a_1y' + a_0y = b \tag{4.4}$$

mit $a_i \in k$ und $b \in K$, wobei K eine liouvillesche Erweiterung von k ist, wird häufig die von Lagrange eingeführte *Methode der Variation der Konstanten* verwendet. In Walter [94] findet man eine schöne Darstellung dieser Methode.

Die Gleichung (4.4) ist äquivalent mit dem System

$$\begin{bmatrix} y' \\ y'' \\ \vdots \\ \vdots \\ y^{(n-1)} \\ y^{(n)} \end{bmatrix} = \begin{bmatrix} 0 & 1 & 0 & \cdots & 0 & 0 \\ 0 & 0 & 1 & \cdots & 0 & 0 \\ \vdots & \vdots & \ddots & \ddots & & \vdots \\ \vdots & \vdots & & \ddots & \ddots & \vdots \\ 0 & 0 & 0 & \cdots & 0 & 1 \\ -a_0 & -a_1 & -a_2 & \cdots & -a_{n-2} & -a_{n-1} \end{bmatrix} \begin{bmatrix} y \\ y' \\ \vdots \\ \vdots \\ y^{(n-2)} \\ y^{(n-1)} \end{bmatrix} + \begin{bmatrix} 0 \\ 0 \\ \vdots \\ \vdots \\ 0 \\ b \end{bmatrix}$$

oder kurz mit

$$\mathbf{y}' = A\mathbf{y} + \mathbf{b}. \tag{4.5}$$

Es bezeichne weiter

$$\mathbf{y}_i = \left(y_i, y_i', \dots, y_i^{(n-1)}\right)^{\mathrm{T}}.$$

Ist $\{y_1, \dots, y_n\}$ ein Fundamentalsystem der homogenen Gleichung zu (4.4), so heißt

$$Y = (\mathbf{y}_1, \dots, \mathbf{y}_n)$$

Fundamentalmatrix oder *Wronski-Matrix*. Sämtliche Lösungen des homogenen Systems von (4.5) erhält man aus der Fundamentalmatrix durch $\mathbf{y} = Y\mathbf{c}$, wenn alle konstanten Vektoren $\mathbf{c}$ durchlaufen werden. Zur Lösung des inhomogenen Systems (4.5) "variiert" man den Konstantenvektor

$$\mathbf{z} = Y\mathbf{c}(x),$$

d.h. man ersetzt den Vektor $\mathbf{c}$ durch eine Funktion in der unabhängigen Variablen x. Durch Ableiten bekommt man daraus die Bedingung

$$Y(x)\mathbf{c}'(x) = \mathbf{b}(x).$$

Weil Y Fundamentalmatrix ist, ist $\det(Y) \neq 0$ und man erhält

$$\mathbf{z} = Y \int Y^{-1}(x)\mathbf{b}(x)\, \mathrm{d}x$$

als Lösung des inhomogenen Systems (4.5). Der Integrand wird durch das Lösen eines linearen Gleichungssystems nach der Cramerschen Regel berechnet.

Es ergibt sich hieraus schließlich eine (partikuläre) Lösung der inhomogenen Gleichung (4.4)

$$z = \sum_{i=1}^{n} y_i(-1)^{n+i} \int \frac{b}{\det(Y)} \det(Y_i)\, dx, \tag{4.6}$$

wobei $Y_i = (\mathbf{y}_1, \ldots, \mathbf{y}_{i-1}, \mathbf{y}_{i+1}, \ldots, \mathbf{y}_n)$ (siehe z.B. [94], S. 134f). Hieraus erhält man sofort folgendes Korollar.

Korollar 4.2.1
Sind $y_1, \ldots, y_n$ und b liouvillesche Funktionen, dann ist auch z aus Gleichung (4.6) eine liouvillesche Funktion.

Beweis. Die Behauptung ist eine unmittelbare Konsequenz aus der Bildungsweise liouvillescher Funktionen (siehe Abschnitt 2.2). □

4.3 Ein allgemeines Verfahren

Für die Berechnung liouvillescher Lösungen eines linearen Differentialoperators beliebigen Grades muß geprüft werden, ob das Problem nicht auf das Lösen von Differentialoperatoren kleineren Grades zurückzuführen ist, also ob der Operator reduzibel ist.
Dies ist zum einen notwendig, da bei allen bekannten auf Differential-Galoistheorie basierenden Lösungsverfahren das Minimalpolynom der logarithmischen Ableitung einer liouvilleschen Lösung bestimmt wird, weil man weiß, daß wenn es (überhaupt) eine liouvillesche Lösung gibt, es eine liouvillesche Lösung y geben muß, deren logarithmische Ableitung y'/y algebraisch von beschränktem Grad ist (Singer [74], Theorem 2.4). Die für den Grad des Minimalpolynoms bestimmte Schranke hängt allein von der Ordnung n der Differentialgleichung ab und weist mit steigendem n ein enormes Wachstum auf (siehe Ulmer [87], Section 3). Zum anderen bestimmt der Singer-Algorithmus pro Schritt eine liouvillesche Lösung, adjungiert diese an den Koeffizientenkörper, faktorisiert den Operator über dem neuen, erweiterten Koeffizientenkörper und fährt so rekursiv fort ([74, S. 681]). Leider gibt es gegenwärtig weder eine Implementierung für eine solche Faktorisierung, welche man natürlich sofort durch ein Reduktionsverfahren ersetzen könnte, noch eine Implementierung eines Verfahrens zur Berechnung liouvillescher Lösungen von Operatoren über liouvilleschen Koeffizienten. Aus diesem Grund setzen die modernen Verfahren irreduzible Operatoren voraus. Irreduzible Differentialgleichungen besitzen entweder *nur*

liouvillesche Lösungen über dem Koeffizientenkörper oder *keine* liouvillesche Lösung ([87], Theorem 2.2), d.h. man bekommt in einem Schritt alle Lösungen. Algorithmen zur Faktorisierung von Differentialoperatoren über den rationalen Funktionen findet man in Beke [6], Bronstein [13], Bronstein und Petkovšek [15, 16], Grigoriev [31], Schlesinger [70], Schwarz [72]. Alle diese Verfahren beruhen auf der Bekeschen Methode, enthalten aber zum Teil beachtliche Verbesserungen (z.B. [13]). Neue Ansätze zur Faktorisierung sind in Singer [77] und van Hoeij [90] beschrieben. Jedoch muß auch hier zur Vervollständigung der Faktorisierung immer noch auf das Bekesche Verfahren zurückgegriffen werden (siehe van Hoeij [92, S. 555ff]).
Die liouvilleschen Lösungen eines linearen Differentialoperators $L \in k[D]$ bilden einen Unterraum des Lösungsraumes V_L von L, der invariant ist unter der Galoisgruppe $\mathcal{G}(L)$ (siehe z.B. Singer und Ulmer [79, S. 44]). Damit existiert ein rechter Faktor von L, der diesen Unterraum als seinen Lösungsraum besitzt.
Um zu entscheiden, ob L (mindestens) *eine* liouvillesche Lösung besitzt, genügt es daher einen größten vollständig reduziblen rechten Faktor zu untersuchen, denn ein solcher Faktor enthält alle möglichen irreduziblen rechten Faktoren der verschiedenen Arten (siehe z.B. van Hoeij, Ragot, Ulmer und Weil [93, Section 3]). Für jede der verschiedenen Arten muß dazu ein irreduzibler rechter Faktor z.B. durch sukzessive Umstellungen aus einer initialen Faktorisierung eines größten vollständig reduziblen rechten Faktors von L gewonnen werden.
Die Betrachtung eines größten vollständig reduziblen rechten Faktors reicht allerdings nicht mehr aus, um *alle* liouvilleschen Lösungen von L zu bestimmen. Besitzt beispielsweise ein Differentialoperator zweiten Grades eine exponentielle und eine weitere nicht exponentielle liouvillesche Lösung, dann ist dieser Operator nicht vollständig reduzibel, besitzt aber trotzdem zwei liouvillesche Lösungen.

Beispiel 4.3.1
Der in Ulmer und Weil [89, S. 192] konstruierte lineare Differentialoperator vom Grad 2 über $\mathbb{Q}(x)$

$$L = D^2 + \frac{-2x+3x^2+3}{16x^2(x-1)^2} = \left(D + \frac{3x-1}{4x(x-1)}\right)\left(D + \frac{-3x+1}{4x(x-1)}\right)$$

besitzt die beiden liouvilleschen Lösungen

$$\left\{2i\sqrt[4]{x}\sqrt{x-1}\arctan\left(i\sqrt{x}\right), \sqrt[4]{x}\sqrt{x-1}\right\}.$$

Die erste der beiden Lösungen kann keine Lösung eines Differentialoperators vom Grad 1 über $\mathbb{Q}(x)$ sein, weil ihre logarithmische Ableitung

$$\frac{1}{4x} + \frac{1}{2(x-1)} + \frac{i}{2\sqrt{x}(1-x)\arctan\left(i\sqrt{x}\right)}$$

nicht in $\mathbb{Q}(x)$ liegt. Damit ist L zwar ein reduzibler, aber kein vollständig reduzibler Operator über $\mathbb{Q}(x)$. $\diamond$

In [84, Section 4] wird ein Algorithmus gegeben, der entscheidet, ob zwei Operatoren umstellbar sind, allerdings scheint dies sehr aufwendig zu sein, denn dazu müssen die rationalen Lösungen eines Systems linearer Differentialoperatoren bestimmt werden. Eine andere Möglichkeit, zwei Operatoren umzustellen, ist der Test mit einem der obigen Faktorisierungsalgorithmen.

Geht man davon aus, daß ein Algorithmus zur Umstellung verfügbar ist, dann können alle liouvilleschen Lösungen eines linearen Differentialoperators mit Hilfe von Satz 4.1.6 und wegen Korollar 4.2.1 mit der Methode der Variation der Konstanten aus einer initialen Faktorisierung bestimmt werden.

Es seien $P, A, B \in k[D]$ Differentialoperatoren mit $P = AB$. Dann ist jede Lösung von B auch eine Lösung von P. Dies gilt nicht für Lösungen von A. Ist jedoch b eine Lösung von A, dann ist f mit $B \circ f = b$ eine Lösung von P. Mit anderen Worten, eine Funktion f ist genau dann Lösung von P, wenn das Bild von f unter B im Kern von A liegt. Ein f mit $B \circ f = b$ kann aus einem Fundamentalsystem von Lösungen von B mit der Methode der Variation der Konstanten bestimmt werden (siehe Abschnitt 4.2).

Algorithmus 4.3.2

Eingabe: linearer Differentialoperator L mit $\mathcal{G}(L) \subseteq \mathrm{SL}(n, \mathcal{C})$.

Ausgabe: Fundamentalsystem liouvillescher Lösungen $\{y_1, \ldots, y_r\}$ von L, wobei $(0 \leq r \leq n)$.

1. Faktorisieren von L in $L = Q_1 \cdots Q_s$ $(1 \leq s \leq n)$.

2. Berechnen der liouvilleschen Lösungen für jeden Faktor Q_i $(i = 1, \ldots, s)$.

3. Sukzessives Umstellen jedes Faktors mit liouvilleschen Lösungen mit dem rechts benachbarten Faktor, bis entweder dieser Faktor selbst liouvillesche Lösungen besitzt oder eine Umstellung nicht mehr möglich ist.

4. Von rechts beginnend wird für jeden Faktor der so gewonnenen neuen Zerlegung folgendes durchgeführt:
Falls der berechnete Faktor keine liouvilleschen Lösungen besitzt, werden alle bisher gefundenen Lösungen ausgegeben, sonst wird für jede einzelne Lösung dieses Faktors mit Hilfe der Methode der Variation der Konstanten durch Gleichung (4.6) aus den bisher gefunden Lösungen eine weitere liouvillesche Lösung bestimmt.

Die Korrektheit folgt aus der eingangs erwähnten Tatsache, daß jeder Differentialoperator L mit liouvilleschen Lösungen eine Zerlegung besitzt, in welcher der rechte (evtl. reduzible) Faktor alle diese liouvilleschen Lösungen enthält. Der Algorithmus 4.3.2 konstruiert gerade eine solche Zerlegung von L, was nach Satz 4.1.6 immer möglich ist. Man beachte, es reicht völlig aus, nur einmal die liouvilleschen Lösungen jedes Faktors zu berechnen. Die Lösungen der Faktoren der konstruierten Zerlegung bekommt man aus den Transformationen, die während der Umstellungen erzeugt werden (siehe Abschnitt 4.1.2). Dadurch entstehen jedoch große „konstruierte“ Lösungen, die oft nur sehr schwer oder gar nicht zu vereinfachen sind. Um einfachere Lösungen zu bekommen, kann es daher geschickter sein, die liouvilleschen Lösungen der speziellen Faktoren neu zu bestimmen. Zur Bestimmung aller liouvilleschen Lösungen eines beliebigen linearen Differentialoperators L vom Grad n sind Verfahren zur Bestimmung liouvillescher Lösungen irreduzibler Operatoren bis zum Grad n notwendig. In Singer und Ulmer [81] und [93] wird ein solches Verfahren beschrieben.

Die folgenden beiden Beispiele zum Algorithmus 4.3.2 wurden mit dem Computeralgebra-System MuPAD (siehe Fuchssteiner et al. [29]) erzeugt. Die Implementierungen hierzu werden im Anhang A beschrieben.

Beispiel 4.3.3
Der Differentialoperator

$$L_1 = D^4 - 2xD^3 + \left(-x + x^2 - 3\right)D^2 + \left(2x + 2x^2 - 1\right)D + 2x - x^3$$

läßt sich in

$$L_1 = (D - x)\left(D^2 - x\right)(D - x)$$

zerlegen. Der linke und der rechte Faktor besitzen die liouvillesche Lösung $\exp(x^2/2)$. Der mittlere Faktor ist der zur Airyschen Differentialgleichung gehörende Operator. Die Lösungen dieser Gleichung lassen sich durch Besselfunktionen ausdrücken und sind daher nicht liouvillesch. Der Operator aus den beiden linken Faktoren

$$(D - x)\left(D^2 - x\right) = D^3 - xD^2 - xD + x^2 - 1$$

besitzt keine exponentielle Lösung, d.h. keinen rechten Faktor ersten Grades über $\mathbb{Q}(x)$. Damit sind die beiden linken Faktoren von L_1 über $\mathbb{Q}(x)$ nicht umstellbar. Also ist

$$\left\{\exp(x^2/2)\right\}$$

ein Fundamentalsystem liouvillescher Lösungen von L_1. ◇

Beispiel 4.3.4
Der Differentialoperator

$$L_2 = D^4 + \frac{2x-1}{2x(x-1)}D^3 + \frac{143x-147}{784x^2(x-1)}D^2 - \frac{18x-21}{32x^3(x-1)}D + \frac{2349x-2940}{3136x^4(x-1)}$$

zerfällt in

$$L_2 = \left(D^2 + \frac{2x-1}{2x(x-1)}D - \frac{1}{196x(x-1)}\right)\left(D + \frac{1}{4x}\right)\left(D - \frac{1}{4x}\right).$$

Von rechts beginnend besitzen die Faktoren die Lösungen

$$\{x^{1/4}\},\ \ \{x^{-1/4}\}\ \text{ und }\ \left\{\exp\left(\frac{\operatorname{acosh}(2x-1)}{14}\right), \exp\left(-\frac{\operatorname{acosh}(2x-1)}{14}\right)\right\}.$$

Mit der Methode der Variation der Konstanten gewinnt man durch Gleichung (4.6) aus

$$y_1 = x^{1/4}$$

eine weitere Lösung

$$y_2 = y_1 \int \frac{x^{-1/4}}{y_1} \cdot 1\,\mathrm{d}x = 2x^{3/4},$$

woraus man durch nochmaliges Anwenden dieser Methode

$$y_3 = -y_1 \int \frac{\exp(\operatorname{acosh}(2x-1)/14)}{1} y_2\,\mathrm{d}x + y_2 \int \frac{\exp(\operatorname{acosh}(2x-1)/14)}{1} y_1\,\mathrm{d}x$$

und

$$y_4 = -y_1 \int \frac{-\exp(\operatorname{acosh}(2x-1)/14)}{1} y_2\,\mathrm{d}x + y_2 \int \frac{-\exp(\operatorname{acosh}(2x-1)/14)}{1} y_1\,\mathrm{d}x$$

erhält. Damit ist

$$\left\{\begin{array}{c} \sqrt[4]{x},\ 2\sqrt[4]{x^3}, \\ -2\sqrt[4]{x}\int \sqrt[4]{x^3}\exp\left(\frac{\operatorname{acosh}(2x-1)}{14}\right)dx + 2\sqrt[4]{x^3}\int \sqrt[4]{x}\exp\left(\frac{\operatorname{acosh}(2x-1)}{14}\right)dx, \\ -2\sqrt[4]{x}\int \sqrt[4]{x^3}\exp\left(-\frac{\operatorname{acosh}(2x-1)}{14}\right)dx + 2\sqrt[4]{x^3}\int \sqrt[4]{x}\exp\left(-\frac{\operatorname{acosh}(2x-1)}{14}\right)dx \end{array}\right\}$$

ein Fundamentalsystem liouvillescher Lösungen von L_2. ◇

4.4 Gleichungen zweiter und dritter Ordnung

Für Differentialgleichung zweiter und dritter Ordnung genügt es, *eine* – also eine beliebige – Faktorisierung zu berechnen. Genauer, es reicht aus, die exponentiellen Lösungen des zugehörigen Operators und dessen adjungierten Operators zu bestimmen (siehe z.B. [79] Lemma 2.1).

Algorithmus 4.4.1
Eingabe: linearer Differentialoperator L mit $\mathcal{G}(L) \subseteq \mathrm{SL}(n, \mathcal{C})$, $n \leq 3$.
Ausgabe: Fundamentalsystem liouvillescher Lösungen $\{y_1, \ldots, y_r\}$ von L, wobei $(0 \leq r \leq n)$.

1. Falls $n = 1$, wird die liouvillesche Lösung von L berechnet und ausgegeben. Andernfalls berechnet man alle exponentiellen Lösungen von L.
2. Falls die Anzahl der exponentiellen Lösungen $= n$ ist, werden die Lösungen ausgegeben.
3. Falls keine exponentielle Lösung von L existiert:
   (a) Falls $n = 2$, werden mit Algorithmus 3.3.8 (irreduzibler Teil) die eventuell existierenden liouvilleschen Lösungen berechnet und ausgegeben.
   (b) Ansonst werden die exponentiellen Lösungen des adjungierten Operators L^* berechnet.
      i. Falls es keine exponentielle Lösung von L^* gibt, dann werden z.B. mit dem Algorithmus aus [81] die eventuell existierenden liouvilleschen Lösungen berechnet und ausgegeben.
      ii. Sonst besitzt L^* genau eine exponentielle Lösung. Aus dieser Lösung bildet man einen Differentialoperator F^* vom Grad 1 und berechnet durch Rechtsdivision von L^* mit dem eben konstruierten Operator einen irreduziblen Differentialoperator G^* vom Grad 2. Von dessen adjungiertem Operator G werden mit Algorithmus 3.3.8 (irreduzibler Teil) die liouvilleschen Lösungen bestimmt.
      iii. Falls Algorithmus 3.3.8 keine liouvilleschen Lösungen gefunden hat, dann wird ausgegeben, daß keine liouvilleschen Lösungen von L existieren, sonst wird für die Lösung von F mit Hilfe der Methode der Variation der Konstanten durch Gleichung (4.6) aus den berechneten Lösungen eine weitere liouvillesche Lösung bestimmt und alle 3 Lösungen ausgegeben.

4. Andernfalls existiert mindestens eine exponentielle Lösung von L.

   (a) Falls $n = 2$, wird aus dieser Lösung ein Differentialoperator F vom Grad 1 gebildet und man berechnet durch Rechtsdivision von L mit dem eben konstruierten Operator F einen irreduziblen Differentialoperator vom Grad 1. Mit Hilfe der Methode der Variation der Konstanten wird mit der Lösung dieses Operators durch Gleichung (4.6) aus der exponentiellen Lösung eine weitere liouvillesche Lösung bestimmt. Es werden beide Lösungen ausgegeben.
   Eine weitere Möglichkeit zur Behandlung dieses Falles bietet das Reduktionsverfahren von d'Alembert (siehe z.B. [94], S. 133f).

   (b) Falls L genau eine exponentielle Lösung besitzt, bildet man aus der exponentiellen Lösung einen Differentialoperator F vom Grad 1 und berechnet durch Rechtsdivision von L mit dem eben konstruierten Operator F einen irreduziblen Differentialoperator vom Grad 2. Von diesem Operator werden mit Algorithmus 3.3.8 die liouvilleschen Lösungen bestimmt.

      i. Falls Algorithmus 3.3.8 keine liouvillesche Lösung gefunden hat, dann wird die exponentielle Lösung als einzige liouvillesche Lösung ausgegeben.

      ii. Ansonsten wird für jede der beiden gefundenen liouvilleschen Lösungen von F mit Hilfe der Variation der Konstanten durch Gleichung (4.6) aus der exponentiellen Lösung eine weitere liouvillesche Lösung bestimmt. Man gibt alle drei liouvilleschen Lösungen aus.

   (c) Sonst besitzt L genau zwei exponentielle Lösungen. Aus diesen beiden Lösungen wird mit der Wronski-Determinante ein Differentialoperator F vom Grad 2 konstruiert. Durch Rechtsdivision von L mit dem eben konstruierten Operator F bestimmt man einen Differentialoperator vom Grad 1. Aus der Lösung dieses Operators wird mit Hilfe der Variation der Konstanten durch Gleichung (4.6) aus den bisher gefundenen Lösungen eine weitere liouvillesche Lösung berechnet und es werden alle 3 Lösungen ausgegeben.

Die folgenden beiden Beispiele zum Algorithmus 4.4.1 wurden mit dem Computeralgebra-System MuPAD (siehe [29]) erzeugt. Die Implementierungen hierzu werden im Anhang A beschrieben.

Beispiel 4.4.2
Der Differentialoperator

$$L_3 = D^3 + \frac{-3x - 4x^3 + 1}{x(2x-1)} D^2 + \frac{2x + 10x^2 - 8x^3 + 8x^4 - 1}{x(2x-1)^2} D + \frac{-8x + 2}{x(2x-1)^2}$$

besitzt den exponentiellen Lösungsraum $\{\exp(x^2), \exp(x)\}$. Unter Zuhilfenahme der Wronski-Determinante konstruiert man daraus den Differentialoperator

$$F = D^2 + \frac{-4x^2 - 1}{2x - 1} D + \frac{-2x + 4x^2 + 2}{2x - 1}.$$

Durch Rechtsdivision von L_3 mit F erhält man den Operator

$$D - \frac{1}{x},$$

welcher die Lösung $b = x$ besitzt. Aus dieser Lösung wird mit der Methode der Variation der Konstanten aus den beiden exponentiellen Lösungen eine weitere Lösung berechnet. Damit ist

$$\left\{\exp(x^2), \exp(x), -\exp(x) \int \frac{x}{(2x-1)\exp(x)} dx + \exp(x^2) \int \frac{x}{(2x-1)\exp(x^2)} dx\right\}$$

ein Fundamentalsystem liouvillescher Lösungen von L_3. ◇

Das folgende Beispiel zeigt die Grenzen von allgemeinen Verfahren zur Berechnung liouvillescher Lösungen.

Beispiel 4.4.3
Der Differentialoperator

$$L_4 = D^3 - \frac{1}{x} D^2 + \frac{-27x + 32x^2 + 27}{144x^2(x-1)^2} D + \frac{-189x + 140x^2 - 96x^3 + 81}{144x^3(x-1)^3}$$

besitzt keine exponentiellen Lösungen. Jedoch besitzt sein adjungierter Operator

$$L_4^* = -D^3 - \frac{1}{x} D^2 + \frac{-549x + 256x^2 + 261}{144x^2(x-1)^2} D + \frac{603x - 320x^2 - 315}{144x^3(x-1)^2}$$

den exponentiellen Lösungraum $\left\{\frac{1}{x}\right\}$. Zu dieser Lösung gehört der Operator

$$F^* = D + \frac{1}{x}.$$

Das Adjungieren des Quotienten aus der Rechtsdivision von L_4^* mit F^* liefert

$$G = D^2 + \frac{-27x + 32x^2 + 27}{144x^2 (x-1)^2},$$

welcher nichts anderes ist als der Operator zur Differentialgleichung aus Beispiel 3.3.11. Die Lösungen hierzu sind nur implizit als Lösungen eines Minimalpolynoms $P(\mathbf{Y})$ gegeben. Damit besitzt L_4 nach Korollar 4.2.1 zwar 3 linear unabhängige liouvillesche Lösungen, doch kann die dritte Lösung weder mit der Reduktionsmethode von d'Alembert noch mit der Methode der Variation der Konstanten explizit berechnet werden. Letztere benötigt nach Gleichung (4.6) zwei linear unabhängige Lösungen von G. Tatsächlich kann der Lösungsraum von L_4 nur in völlig unbefriedigender Weise implizit gegeben werden durch

$$\left\{ y_1,\ y_2,\ -y_1 \int \frac{x}{y_1 y_2' - y_1' y_2}\, y_2 \mathrm{d}x + y_2 \int \frac{x}{y_1 y_2' - y_1' y_2}\, y_1 \mathrm{d}x \right\},$$

wobei y_1 und y_2 zwei linear unabhängige Lösungen von $P(\mathbf{Y}) = 0$ aus Beispiel 3.3.11 sind. ◇

4.5 Gleichungen mit unimodularer primitiver Galoisgruppe

In diesem Abschnitt wird eine Erweiterung der Methode aus Abschnitt 3.3.2 zur Lösung linearer Differentialgleichungen zweiter Ordnung mit unimodularer primitiver Galoisgruppe auf Differentialgleichungen beliebiger Ordnung vorgestellt (siehe [26]). Die Idee hierzu ist, zu einem vorberechneten, in Invarianten zerlegten Minimalpolynom einer Lösung durch Ausnutzen eines Homomorphismus zwischen den Invarianten der Galoisgruppe und deren rationalen Invarianten die Koeffizienten des Minimalpolynoms zu bestimmen.

Es seien $y_1(x), \ldots, y_n(x)$ linear unabhängige Lösungen einer linearen Differentialgleichung $L(y) = 0$ von $n$ter Ordnung mit unimodularer primitiver Galoisgruppe $\mathcal{G}(L)$. Es ist bekannt, daß die Abbildung

$$\Phi_{\mathbf{y}}: \begin{array}{ccc} \mathcal{C}[v_1, \ldots, v_n]^{\mathcal{G}(L)} & \longrightarrow & \mathcal{C}(x) \\ I(v_1, \ldots, v_n) & \longmapsto & I(y_1(x), \ldots, y_n(x)) \end{array}$$

ein eindeutiger Ringhomomorphismus ist. Der Homomorphismus ist durch Angabe eines Lösungsvektors $\mathbf{y} = (y_1(x), \ldots, y_n(x))$ festgelegt. Das Problem besteht nun darin, daß ja gerade dieser Lösungsvektor nicht bekannt ist. Auf der anderen Seite ist es möglich – falls man die Galoisgruppe kennt, die rationalen Invarianten z.B. mit dem Algorithmus aus van Hoeij und Weil [91] zu berechnen. Leider müssen die rationalen Invarianten nicht notwendigerweise zum gleichen Lösungsvektor $\mathbf{y}$ gehören. Man hat daher die rationalen Invarianten entsprechend zu bestimmen.

Es bezeichne $\{ I_{d,j} \}$ die Menge der Fundamentalinvarianten von $\mathcal{G}(L)$, wobei d für den Grad der Invariante $I_{d,j}$ steht und j die Invarianten gleichen Grades indiziert. Weiter bezeichne $\{ r_{d,k} \}$ die rationalen Invarianten von $\mathcal{G}(L)$. Obiges Problem, den Homomorphismus $\Phi_{\mathbf{y}}$ zu bestimmen, kann man damit präzisieren zu

$$\Phi_{\mathbf{y}}(I_{d,j}) \longrightarrow \sum_k c_{d,j,k} \cdot r_{d,k}, \tag{4.7}$$

wobei es nun gilt, die Konstanten $c_{d,j,k}$ geeignet zu bestimmen. Dies kann durch Ausnutzen der Syzygien erledigt werden, falls das entsprechende Gleichungssystem für die Konstanten $\{ c_{d,j,k} \}$ von nur einem Parameter abhängt, d.h. wenn $c_{d,j,k} = \lambda$ $(\lambda \neq 0)$ für eine feste Konstante und die verbleibenden Konstanten nur von λ abhängen. Daher gilt wegen der Existenz und Eindeutigkeit von $\Phi_{\mathbf{y}}$, daß die Bilder der Fundamentalinvarianten (4.7) einen Lösungsvektor $\mathbf{y}$ bestimmen. Offensichtlich ist dies für Galoisgruppen erfüllt, deren Invariantenring nur Fundamentalinvarianten mit verschiedenen Graden besitzt.

Proposition 4.5.1
Mit obigen Bezeichnungen sei $\{ I_{d,j} \}$ die Menge der Fundamentalinvarianten von $\mathcal{G}(L)$ und $\{ r_{d,k} \}$ deren rationalen Invarianten. Die Syzygien zwischen $\{ I_{d,j} \}$ bestimmen einen Ringhomomorphismus $\Phi_{\mathbf{y}}$ gegeben durch (4.7) für einen Vektor $\mathbf{y}$, falls das den Bildern der Syzygien unter $\Phi_{\mathbf{y}}$ entsprechende Gleichungssystem für die Konstanten von nur einem freien Parameter abhängt.

Beweis. Folgt direkt aus der vorangestellten Diskussion. □

Proposition 4.5.1 erlaubt die Bestimmung des Minimalpolynoms einer Lösung für viele Differentialgleichungen $L(y) = 0$ mit unimodularer primitiver Galoisgruppe. Ein Beispiel dafür wird in Abschnitt 5.3 gegeben.

Bemerkung 4.5.2
Die soeben vorgestellte Methode gilt allgemein für lineare Differentialgleichungen mit unimodularer *endlicher* Galoisgruppe. Allerdings müssen dafür die zugehörige Gruppe, deren Invarianten und Syzygien und ein in Invarianten zerlegtes Minimalpolynom bekannt sein.

4.6 Ein Algorithmus zur Zerlegung von Minimalpolynomen in Invarianten

Nach Satz 2.4.3 ist ein in Invarianten zerlegtes Minimalpolynom von der Form

$$P(\mathbf{Y}) = \mathbf{Y}^{d\cdot m} + a_{m-1}\mathbf{Y}^{d\cdot(m-1)} + \ldots + a_0 = \prod_{\tau\in\mathcal{T}}(\mathbf{Y}^d - (\tau(z))^d). \tag{4.8}$$

Die rechte Seite von Gleichung (4.8) enthält bereits einen Algorithmus für dessen Berechnung, siehe [79, p. 59] (siehe auch Algorithmus 6.5 in [21]). Leider hat sich gezeigt, daß ein einfaches Ausmultiplizieren für größere Vertretersysteme $\mathcal{T}$ der Linksnebenklassen zu Potenzen $d > 2$ nicht möglich ist. Dies kann man sich am Beispiel der G_{168} und $G_{168}\times C_3$ verdeutlichen (siehe [79] pp. 65). Beide Gruppen haben dasselbe Vertretersystem der Linksnebenklassen bestehend aus den 21 Vertretern

$$\mathcal{T} = \{id, T, T^{-1}, S^{-1}T^{-1}, S^{-2}, \ldots, RSRT^{-1}\}$$

und besitzen den gemeinsamen Eigenvektor

$$z = y_3 + (\beta^5 + \beta)y_2 + (\beta^5 + \beta^4 + \beta^2 + 1)y_1$$

zur jeweiligen 1-reduziblen Untergruppe H. Der Eigenvektor z angewandt auf obiges Vertretersystem $\mathcal{T}$ liefert

$$\begin{aligned}\{\tau(z) \mid \tau \in \mathcal{T}\} = \{ & y_3 + (\beta^5 + \beta)y_2 + (\beta^5 + \beta^4 + \beta^2 + 1)y_1, \\ & (\beta^5 + \beta^4 + \beta^2 + 1)y_3 + y_2 + (\beta^5 + \beta)y_1, \ldots \\ & -\beta y_3 + (-\beta^5 - \beta^2)\, y_2 + (\beta^5 + \beta^3 + \beta)y_1 \ \}.\end{aligned}$$

Während zur Gruppe G_{168} die Potenz $d = 2$ gehört und beispielsweise die Identität als erster Vertreter aus $\mathcal{T}$ sich mit $id(z)^2 = z^2$ zu

$$\begin{aligned}& {y_3}^2 + (2\beta^5 + 2\beta)y_3y_2 + (2\beta^5 + 2\beta^4 + 2\beta^2 + 2)y_3y_1 \\ & \quad + (-2\beta^5 - 2\beta^4 - \beta^3 - \beta^2 - 2\beta - 2){y_2}^2 + (2\beta^5 - 2\beta^4 + 2\beta^3)y_2y_1 \\ & \quad + (\beta^4 - \beta^3 + 2\beta^2 - \beta + 1){y_1}^2\end{aligned}$$

berechnet, bedeutet das für die Gruppe $G_{168}\times C_3$ mit $d = 6$ dann für z^6 bereits

$$\begin{aligned}& {y_3}^6 + (6\beta^5 + 6\beta){y_3}^5y_2 + (6\beta^5 + 6\beta^4 + 6\beta^2 + 6){y_3}^5y_1 \\ & \quad + (-30\beta^5 - 30\beta^4 - 15\beta^3 - 15\beta^2 - 30\beta - 30){y_3}^4{y_2}^2 \\ & \quad + (30\beta^5 - 30\beta^4 + 30\beta^3){y_3}^4y_2y_1 + (15\beta^4 - 15\beta^3 + 30\beta^2 - 15\beta + 15){y_3}^4{y_1}^2 \\ & \quad + (60\beta^4 + 20\beta^3 + 20\beta + 60){y_3}^3{y_2}^3 + (-120\beta^5 - 120\beta^2 - 60){y_3}^3{y_2}^2y_1 \\ & \quad + (180\beta^5 + 180\beta^3 + 60\beta^2 + 60\beta + 180){y_3}^3y_2{y_1}^2\end{aligned}$$

$$
\begin{aligned}
&+(-60\beta^5+40\beta^4-80\beta^3+40\beta^2-60\beta){y_3}^3{y_1}^3\\
&+(75\beta^5-15\beta^3+45\beta^2+45\beta-15){y_3}^2{y_2}^4\\
&+(60\beta^5+120\beta^4-120\beta^3+120\beta^2+60\beta){y_3}^2{y_2}^3y_1\\
&+(-90\beta^5-90\beta^4-270\beta^2+180\beta-270){y_3}^2{y_2}^2{y_1}^2\\
&+(480\beta^5+120\beta^4+300\beta^3+300\beta^2+120\beta+480){y_3}^2y_2{y_1}^3\\
&+(-165\beta^5+45\beta^4-165\beta^3-90\beta-90){y_3}^2{y_1}^4\\
&+(-54\beta^5-54\beta^4-30\beta^2-60\beta-30)y_3{y_2}^5\\
&+(-120\beta^4+30\beta^3+30\beta^2-120\beta)y_3{y_2}^4y_1\\
&+(-300\beta^5-60\beta^4-300\beta^3-240\beta-240)y_3{y_2}^3{y_1}^2\\
&+(-300\beta^4+180\beta^3-360\beta^2+180\beta-300)y_3{y_2}^2{y_1}^3\\
&+(420\beta^5+180\beta^4+180\beta^3+420\beta^2+510)y_3y_2{y_1}^4\\
&+(-186\beta^5-150\beta^3-66\beta^2-66\beta-150)y_3{y_1}^5\\
&+(5\beta^5+19\beta^4+5\beta^3+14\beta+14){y_2}^6\\
&+(30\beta^4+30\beta^3-24\beta^2+30\beta+30){y_2}^5y_1\\
&+(60\beta^5+60\beta^4+60\beta^3+60\beta^2+135){y_2}^4{y_1}^2\\
&+(-260\beta^5-180\beta^3-100\beta^2-100\beta-180){y_2}^3{y_1}^3\\
&+(135\beta^5-120\beta^4+210\beta^3-120\beta^2+135\beta+0){y_2}^2{y_1}^4\\
&+(102\beta^5+102\beta^4+186\beta^2-48\beta+186)y_2{y_1}^5\\
&+(-70\beta^5-14\beta^4-45\beta^3-45\beta^2-14\beta-70){y_1}^6.
\end{aligned}
$$

Das Computeralgebra-System AXIOM (siehe Jenks und Sutor [39]) ist selbst bei 80MB Hauptspeicher nicht in der Lage, die 21 Faktoren aus den so entstandenen Polynomen miteinander zu multiplizieren. Ein Grund dafür ist, daß bei reinem Ausmultiplizieren alle Koeffizienten auf einmal berechnet werden, d.h. man muß schließlich und endlich alle 21 enorm großen Koeffizienten im Speicher halten. Erst wenn man alle 21 Faktoren miteinander multipliziert hat, kann man die Koeffizienten in Invarianten zerlegen.

Im folgenden wird ein Verfahren vorgestellt, mit dem man die Koeffizienten einzeln nacheinander berechnen und parallel in Invarianten zerlegen kann (siehe [22]). Dazu benutzt man die wohlbekannte Tatsache, daß die Koeffizienten eines Polynoms f selbst Polynome in den Wurzeln von f sind.

Man nennt ein Polynom $g \in \mathcal{C}[x_1, \ldots, x_n]$ *symmetrisch*, falls es invariant ist unter allen Permutationen der Variablen $x_1, \ldots, x_n$. Es sei Z eine neue Variable und f ein Polynom in Z gegeben durch

$$
\begin{aligned}
f(Z) &= (Z-x_1)(Z-x_2)\cdots(Z-x_n)\\
&= Z^n-\sigma_1 Z^{n-1}+\sigma_2 Z^{n-2}-\cdots+(-1)^n\sigma_n
\end{aligned}
$$

mit den Wurzeln $x_1, \dots, x_n$. Man sieht leicht, daß die Koeffizienten

$$\begin{aligned}
\sigma_1 &= x_1 + x_2 + \cdots + x_n \\
\sigma_2 &= x_1x_2 + x_1x_3 + \cdots + x_{n-1}x_n = \sum_{i<j} x_ix_j \\
\sigma_3 &= \sum_{h<i<j} x_hx_ix_j \\
&\vdots \\
\sigma_n &= x_1x_2\cdots x_n,
\end{aligned}$$

von f bzgl. Z symmetrisch in $x_1, \dots, x_n$ sind. Die Polynome $\sigma_1, \dots, \sigma_n \in C[x_1, \dots, x_n]$ heißen *elementarsymmetrisch.* Mit den elementarsymmetrischen Polynomen lassen sich bereits alle symmetrischen Polynome erzeugen.

Satz 4.6.1 (Hauptsatz der symmetrischen Polynome)
Jedes symmetrische Polynom $f \in C[x_1, \dots, x_n]$ kann in eindeutiger Weise als ein Polynom

$$f(x_1, \dots, x_n) = g(\sigma_1(x_1, \dots, x_n), \dots, \sigma_n(x_1, \dots, x_n))$$

in den elementarsymmetrischen Polynomen geschrieben werden.

Den Beweis dieses Satzes findet man beispielsweise in Sturmfels [83, pp. 2]. Eine alternative Möglichkeit, die symmetrischen Polynome zu erzeugen, bieten z.B. die ersten n Potenzsummen

$$p_i = x_1^i + x_2^i + \cdots + x_n^i \quad (i = 1, \dots, n),$$

wie der folgende Satz zeigt (siehe z.B. [83, p. 4]).

Satz 4.6.2
Der Ring der symmetrischen Polynome wird von den ersten n Potenzsummen

$$C[x_1, \dots, x_n]^{S_n} = C[\sigma_1, \dots, \sigma_n] = C[p_1, \dots, p_n]$$

erzeugt.

Zur Umrechnung von einem Fundamentalsystem zum anderen Fundamentalsystem kann man die expliziten (Determinanten-)Formeln aus Macdonald [57, p. 20] benutzen oder die sogenannten *Newton-Identitäten*

$$p_k - \sigma_1 p_{k-1} + \cdots + (-1)^{k-1}\sigma_{k-1}p_1 + (-1)^k k\sigma_k = 0, \quad 1 \leq k \leq n. \tag{4.9}$$

Setzt man $\sigma_0 = 1$ und $\sigma_i = 0$, falls $i < 0$ oder $i > n$, dann gelten die Newton-Identitäten sogar für alle $k \geq 1$ (siehe Cox, Little und O'Shea [20, pp. 317]).

Schreibt man die rechte Seite von Gleichung (4.8) um in $\prod_{i=1}^{m}(\mathbf{Y}^d - \tau_i(z)^d)$ und faßt dabei die $\tau_i(z)^d$ als Variablen auf, kann man die Koeffizienten der linken Seite von (4.8) als elementarsymmetrische Polynome (Funktionen) in den $\tau_i(z)^d$ schreiben:

$$a_i = (-1)^{m-i}\sigma_{m-i}(\tau_1(z)^d, \dots, \tau_m(z)^d), \qquad 0 \le i \le m-1.$$

Proposition 4.6.3
Es sei $G \subset \mathrm{GL}(n, \mathcal{C})$ eine endliche Gruppe und $g_1, \dots, g_m \in \mathcal{C}[v_1, \dots, v_n]$. Dann gilt

$$\sigma_1(g_1, \dots, g_m), \dots, \sigma_i(g_1, \dots, g_m) \in \mathcal{C}[v_1, \dots, v_n]^G$$

genau dann, wenn

$$p_1(g_1, \dots, g_m), \dots, p_i(g_1, \dots, g_m) \in \mathcal{C}[v_1, \dots, v_n]^G$$

für alle $i = 1, \dots, m$.

Beweis. Es seien $\sigma_i, p_i \in \mathcal{C}[v_1, \dots, v_m]$, $i = 1, \dots, m$. Nach [57, p. 20] gelten die Determinantenformeln:

$$k!\sigma_k = \det \begin{pmatrix} p_1 & 1 & 0 & \dots & 0 \\ p_2 & p_1 & 2 & \dots & 0 \\ \vdots & \vdots & \ddots & \ddots & \vdots \\ p_{k-1} & p_{k-2} & \dots & p_1 & k-1 \\ p_k & p_{k-1} & \dots & \dots & p_1 \end{pmatrix} \tag{4.10}$$

$$p_k = \det \begin{pmatrix} \sigma_1 & 1 & 0 & \dots & 0 \\ 2\sigma_2 & \sigma_1 & 1 & \dots & 0 \\ \vdots & \vdots & \vdots & \ddots & \vdots \\ k\sigma_k & \sigma_{k-1} & \sigma_{k-2} & \dots & \sigma_1 \end{pmatrix}. \tag{4.11}$$

Daher lassen sich alle elementarsymmetrischen Polynome σ_k mit der Identität (4.10) in den ersten k Potenzsummen p_i, $i = 1, \dots, k$ darstellen. Umgekehrt kann man alle Potenzsummen p_k mit Identität (4.11) in den ersten k elementarsymmetrischen Polynomen σ_i, $i = 1, \dots, k$ darstellen. Die Identitäten bleiben bestehen, wenn man die Variablen $v_1, \dots, v_m$ der σ_i und p_i durch die Polynome $g_1, \dots, g_m \in \mathcal{C}[v_1, \dots, v_n]$ ersetzt. □

Im folgenden bezeichne $\boldsymbol{\tau}^d = (\tau_1(z)^d, \dots, \tau_m(z)^d)$. Die zusätzlichen Bezeichnungen findet man in Satz 2.4.3. Man beachte, der Algorithmus in [79, p. 59] (siehe auch Algorithmus 6.5 in [21]) bestimmt zuerst das unzerlegte Minimalpolynom und zerlegt die Koeffizienten in Invarianten erst im nächsten Schritt. Der folgende Algorithmus bestimmt die Koeffizienten des Minimalpolynoms mit Hilfe von Proposition 4.6.3 einzeln und zwar gleich in Invarianten zerlegt. Was bei diesem Algorithmus bereits vorausgesetzt als Eingabe genommen wird, findet man in den Berechnungsschritten i-iii im Algorithmus in [79, p. 59].

Algorithmus 4.6.4

Eingabe: Endliche Gruppe $G \subset \mathrm{SL}(n, \mathcal{C})$,
Vertretersystem $\mathcal{T}$ der Linksnebenklassen von H in G,
Eigenvektor z zur Untergruppe H,
d,
Basis für die Invarianten $I_1, \ldots, I_r \in \mathcal{C}[v_1, \ldots, v_n]^G$

Ausgabe: In Invarianten zerlegtes Minimalpolynom $P(\mathbf{Y})$ zur Gruppe G

1. Berechnen der m Potenzsummen $p_i(\boldsymbol{\tau}^d) = \sum_{k=1}^m \tau_k(z)^{d \cdot i}$ $i = 1, \ldots, m$.
2. Zerlegen der m Potenzsummen $p_i(\boldsymbol{\tau}^d)$ in die Invarianten $I_1, \ldots, I_r$ z.B. mit Algorithmus 4.12 aus [21]:
$$p_i(\boldsymbol{\tau}^d) = s_i(I_1, \ldots, I_r), \qquad s_i \in \mathcal{C}[v_1, \ldots, v_r].$$
3. Berechnen der m elementarsymmetrischen Polynome $\sigma_i(\boldsymbol{\tau}^d)$ mit Hilfe der Newton-Identitäten (4.9):
$$\begin{aligned} e_i(I_1, \ldots, I_r) &= \sigma_i(\boldsymbol{\tau}^d) \\ &= (-1)^{i+1} \frac{1}{i} \sum_{k=1}^{i} (-1)^{i-k} e_{i-k}(I_1, \ldots, I_r) \cdot s_k(I_1, \ldots, I_r) \end{aligned}$$
wobei $e_i \in \mathcal{C}[v_1, \ldots, v_r]$ und $e_0 = 1$.
4. $P(\mathbf{Y}) = \mathbf{Y}^{d \cdot m} - e_1(I_1, \ldots, I_r)\mathbf{Y}^{d \cdot (m-1)} + \ldots + (-1)^m e_m(I_1, \ldots, I_r)$.

Bemerkung 4.6.5

1. Zur Zerlegung der Koeffizienten von $P(\mathbf{Y})$ in Invarianten sind oft nicht alle Fundamentalinvarianten notwendig (siehe [21], Proposition 4.10).
2. Schritt 1 aus Algorithmus 4.6.4 kann man beschleunigen, indem man die Potenzen $(\tau_k(z)^d)^i$ der m Vertreter der Linksnebenklassen getrennt behält und dann für jede $(i+1)$te Potenz jeweils nur eine Multiplikation benötigt.
3. Die Schritte 1-3 aus Algorithmus 4.6.4 können jeweils um eins versetzt parallel bzw. verteilt berechnet werden.

4. Der Versuch, ein in Invarianten zerlegtes Minimalpolynom zur Valentiner Gruppe (siehe Abschnitt 5.1.1) mit reinem Ausmultiplizieren zu bestimmen, lieferte nach über 3 Wochen Rechenzeit 17 von 36 miteinander multiplizierter Faktoren. Der Algorithmus 4.6.4 dagegen bestimmte innerhalb einer Woche 9 Koeffizienten des Minimalpolynoms. Die Berechnung wurde jedoch abgebrochen, weil der Platzbedarf, um dieses eine vorberechnete Minimalpolynom zu speichern, größer wäre als der Speicherbedarf für den kompletten Quellcode eines Verfahrens zur Lösung von linearen Differentialgleichungen zweiter und dritter Ordnung. Wegen dieser Unverhältnismäßigkeit wurde auf die komplette Berechnung dieses Minimalpolynoms verzichtet.

5. Es ist klar, daß man Algorithmus 4.6.4 aufgrund von Proposition 4.6.3 auch allgemeiner formulieren kann.

4.7 Anmerkungen

Durch Ausnutzen der eingeführten Eigenschaften gewöhnlicher linearer Differentialoperatoren konnte ein allgemeines Verfahren für Differentialgleichungen $n$ter Ordnung gegeben werden, welches ein Fundamentalsystem liouvillescher Lösungen berechnet, während das Verfahren in [93, S. 8f] mit denselben Hilfsmitteln nur eine liouvillesche Lösung findet.

Wie bereits erwähnt, wurde schon in [79, Lemma 2.1] ein Verfahren für reduzible Differentialgleichungen dritter Ordnung gegeben. Dort wird die Reduktionsmethode von d'Alembert verwendet (siehe auch [93, S. 10]). Mathematisch gesehen ist das Reduktionsverfahren von d'Alembert in diesem Zusammenhang nur eine Umformulierung der Methode der Variation der Konstanten (siehe z.B. Kamke [40, S. 73f]). Allerdings, vom algorithmischen Standpunkt aus betrachtet, liefert das d'Alembertsche Reduktionsverfahren eine – wenn man so will – rekursive Darstellung der Lösung und die Variation der Konstanten eine mehr iterative Darstellung. Man erhält also entweder eine Lösung aus nur ineinander geschachtelten Integralen oder eine Lösung als eine Summe von geschachtelten Integralen.
Bei Differentialgleichungen höherer Ordnung vermeidet das Verwenden der Variation der Konstanten eine sonst notwendige Rechtsdivision. Des weiteren genügt es damit, die liouvilleschen Lösungen der einzelnen Faktoren zu bestimmen.

Das Verfahren für Differentialgleichungen mit primitiver unimodularer Galoisgruppe ist eine echte Erweiterung gegenüber dem Verfahren aus Kapitel 3.

Während dort noch der Isomorphismus zwischen dem Kern der symmetrischen Potenzen und den entsprechenden Invarianten der Galoisgruppe benutzt wird, wird nun nur noch deren Homomorphie gebraucht.

Es sei nochmals darauf hingewiesen, daß das Verfahren zur effizienten Vorberechnung von in Invarianten zerlegten Minimalpolynomen auch allgemeiner eingesetzt werden kann.

Kapitel 5

Spezielle Methoden für irreduzible Gleichungen dritter Ordnung

In diesem Kapitel werden die Vorberechnungen für die Erweiterung des in diesem Buch entwickelten Verfahrens zur Lösung von linearen Differentialgleichungen zweiter Ordnung durch Einsetzen in Lösungsformeln auf Gleichungen dritter Ordnung mit endlicher primitiver Galoisgruppe durchgeführt. Ähnlich der Vorgehensweise aus Kapitel 3 werden erst die Basen für die Invariantenringe der unimodularen primitiven endlichen Gruppen vom Grad 3 bestimmt, unter der Vorgabe, alle Fundamentalinvarianten aus möglichst wenigen Fundamentalinvarianten niedrigen Grades zu konstruieren. Dabei werden die tatsächlich zu bestimmenden Fundamentalinvarianten hier Grundinvarianten genannt, während die restlichen Fundamentalinvarianten als konstruierte Invarianten bezeichnet werden. Die Vorberechnungen von in Invarianten zerlegten Minimalpolynomen werden bis auf die Minimalpolynome zweier Gruppen angegeben. Bei den zwei angesprochenen Minimalpolynomen wurde wegen ihrer enormen Größe darauf verzichtet.
Aus den Berechnungen leitet sich eine hinreichende Schranke für die Grade zu bestimmender Grundinvarianten ab. Diese (noch akzeptable) Schranke macht eine Implementierung des Verfahrens überhaupt erst möglich.
Als eine Anwendung werden die durchgeführten Vorberechnungen dazu genutzt, um mit der in Abschnitt 4.5 entwickelten Methode eine von Hurwitz 1886 aufgestellte Differentialgleichung *erstmals* geschlossen zu lösen (siehe [26]). Die Lösung dieser Gleichung ist zudem das erste nichttriviale Beispiel für ein auf Differential-Galoistheorie basierenden Verfahrens zur Berechnung liouvillescher Lösungen von irreduziblen linearen Differentialgleichungen dritter Ordnung.

5.1 Primitive unimodulare Gruppen vom Grad 3

Es gibt – bis auf Isomorphie – 8 verschiedene endliche primitive unimodulare Gruppen vom Grad 3. Die folgenden Darstellungen stammen ursprünglich aus [61]. Hier wird die davon abgeleitete Form aus [79], S. 54 benutzt. Dabei wurden die notwendigen algebraischen Erweiterungen aus rechentechnischen Gründen z.T. verändert. Die verwendeten Matrizen sind

$$E_1 = \begin{pmatrix} 1 & 0 & 0 \\ 0 & \xi^4 & 0 \\ 0 & 0 & \xi \end{pmatrix} \qquad E_2 = \begin{pmatrix} -1 & 0 & 0 \\ 0 & 0 & -1 \\ 0 & -1 & 0 \end{pmatrix} \qquad E_3 = \frac{1}{\sqrt{5}} \begin{pmatrix} 1 & 2 & 2 \\ 1 & s & t \\ 1 & t & s \end{pmatrix}$$

$$E_4 = \frac{1}{\sqrt{5}} \begin{pmatrix} 1 & 2\lambda_2 & 2\lambda_2 \\ \lambda_1 & s & t \\ \lambda_1 & t & s \end{pmatrix} \qquad S = \begin{pmatrix} \beta & 0 & 0 \\ 0 & \beta^2 & 0 \\ 0 & 0 & \beta^4 \end{pmatrix} \qquad R = \frac{1}{\sqrt{-7}} \begin{pmatrix} a & b & c \\ b & c & a \\ c & a & b \end{pmatrix}$$

$$S_1 = \begin{pmatrix} 1 & 0 & 0 \\ 0 & \omega & 0 \\ 0 & 0 & \omega^2 \end{pmatrix} \qquad T = \begin{pmatrix} 0 & 1 & 0 \\ 0 & 0 & 1 \\ 1 & 0 & 0 \end{pmatrix} \qquad U = \begin{pmatrix} \epsilon & 0 & 0 \\ 0 & \epsilon & 0 \\ 0 & 0 & \epsilon\omega \end{pmatrix}$$

$$V = \rho \begin{pmatrix} 1 & 1 & 1 \\ 1 & \omega & \omega^2 \\ 1 & \omega^2 & \omega \end{pmatrix} \qquad Z = \begin{pmatrix} \omega & 0 & 0 \\ 0 & \omega & 0 \\ 0 & 0 & \omega \end{pmatrix}$$

mit $\xi^5 = 1$, $s = \xi^2 + \xi^3$, $t = \xi + \xi^4$, $\sqrt{5} = t - s$, $\epsilon^6 + \epsilon^3 + 1 = 0$ $(\epsilon^9 = 1)$, $\omega = -\epsilon^3 - 1$ $(\omega^3 = 1)$, $\beta^7 = 1$, $a = \beta^4 - \beta^3$, $b = \beta^2 - \beta^5$, $c = \beta - \beta^6$, $\dfrac{1}{\sqrt{-7}} = \dfrac{\beta + \beta^2 + \beta^4 - \beta^6 - \beta^5 - \beta^3}{7}$, $\lambda_1 = \dfrac{-1 \pm \sqrt{-15}}{4}$, $\lambda_2 = \dfrac{-1 \mp \sqrt{-15}}{4}$ und $\rho = \dfrac{1}{\omega - \omega^2}$.

Aus diesen Matrizen lassen sich folgende acht Gruppen darstellen:

(i) $A_6^{\mathrm{SL}_3} = \langle E_1, E_2, E_3, E_4 \rangle \subset \mathrm{SL}(3, \mathbb{Q}(\sqrt{-15}, \xi))$ (die sogenannte Valentiner Gruppe), $|A_6^{\mathrm{SL}_3}| = 1080$, $\mathbb{Q}(\sqrt{-15}, \xi) \cong \mathbb{Q}(\alpha)$ mit (α ist Lösung des 15. Kreisteilungspolynoms)

$$\alpha^8 - \alpha^7 + \alpha^5 - \alpha^4 + \alpha^3 - \alpha + 1 = 0$$

und

$$\begin{aligned} \xi &= \alpha^3 \\ \sqrt{-15} &= 2\alpha^7 - 2\alpha^5 + 4\alpha^4 - 2\alpha^3 + 2\alpha^2 + 4\alpha - 3. \end{aligned}$$

Das $^{\mathrm{SL}_3}$ bedeutet, daß die alternierende Gruppe A_6 auf den dreidimensionalen Raum abgebildet ist. Dazu kann man eine primitive 3-te Einheitswurzel benutzen. So ist die projektive Darstellung $A_6^{\mathrm{SL}_3}/\langle Z\rangle \cong A_6$.

(ii) $A_5 = \langle E_1, E_2, E_3\rangle \subset \mathrm{SL}(3, \mathbb{Q}(\xi))$

(iii) $A_5 \times C_3 = \langle E_1, E_2, E_3, Z\rangle \subset \mathrm{SL}(3, \mathbb{Q}(\alpha))$ (direktes Produkt der A_5 und der zyklischen Gruppe $C_3 = \langle Z\rangle$) mit

$$\alpha^8 - \alpha^7 + \alpha^5 - \alpha^4 + \alpha^3 - \alpha + 1 = 0,$$

d.h. $\xi = \alpha^3$ und $\omega = \alpha^5$.

(iv) einfache Gruppe $G_{168} = \langle S, T, R\rangle \subset \mathrm{SL}(3, \mathbb{Q}(\beta))$

(v) $G_{168} \times C_3 = \langle S, T, R, Z\rangle \subset \mathrm{SL}(3, \mathbb{Q}(\gamma))$ mit (γ ist Lösung des 21. Kreisteilungspolynoms)

$$\gamma^{12} - \gamma^{11} + \gamma^9 - \gamma^8 + \gamma^6 - \gamma^4 + \gamma^3 - \gamma + 1,$$

d.h. $\omega = \gamma^7$ und $\beta = \gamma^3$.

(vi) $H_{216}^{\mathrm{SL}_3} = \langle S_1, T, V, U\rangle \subset \mathrm{SL}(3, \mathbb{Q}(\epsilon))$, $|H_{216}^{\mathrm{SL}_3}| = 648$; die projektive Darstellung ist die Hesse-Gruppe H_{216}

(vii) $H_{72}^{\mathrm{SL}_3} = \langle S_1, T, V, UVU^{-1}\rangle \subset \mathrm{SL}(3, \mathbb{Q}(\epsilon))$, $|H_{72}^{\mathrm{SL}_3}| = 216$

(viii) $F_{36}^{\mathrm{SL}_3} = \langle S_1, T, V\rangle \subset \mathrm{SL}(3, \mathbb{Q}(\epsilon))$, $|F_{36}^{\mathrm{SL}_3}| = 108$.

Unter der Vorgabe, möglichst aus Invarianten kleinsten Grades alle weiteren Invarianten herzuleiten, werden in den folgenden Abschnitten zu jeder der obigen Gruppen eine Basis für den zugehörigen Invariantenring und dessen Syzygien-Ideal berechnet. Des weiteren wird bis auf zwei Ausnahmen zu jeder Gruppe ein in Invarianten zerlegtes Minimalpolynom gegeben. Die beiden Ausnahmen sind aufgrund der enormen Größe ihrer Minimalpolynome notwendig. Aus diesen Berechnungen bekommt man eine Schranke für den Grad der zu bestimmenden Invarianten. Anschließend werden die hier gemachten Vorberechnungen dazu genutzt, um mit der Methode aus Abschnitt 4.5 die von Hurwitz 1886 aufgestellte Differentialgleichung erstmals geschlossen zu lösen.

5.1.1 Die Valentiner Gruppe $A_6^{\mathrm{SL}_3}$

Allein die ersten neun Koeffizienten – das sind die Koeffizienten zu den Graden 210, 204, 198, 192, 186, 180, 174, 168 und 162 – eines in Invarianten zerlegten Minimalpolynoms der Valentiner Gruppe würden bereits mehr als 10 Seiten füllen. Dabei sind dies die „kleinsten" zerlegten Koeffizienten dieser Gruppe. Dies läßt vermuten, daß das gesamte in Invarianten zerlegte Minimalpolynom weit mehr als 60 bis 70 Seiten füllen würde. Daher wurde auf die Berechnung der verbleibenden Koeffizienten verzichtet.
Die Invarianten der $A_6^{\mathrm{SL}_3}$ werden von

$$\begin{aligned}
I_6 &= 25R_{A_6^{\mathrm{SL}_3}}(y_1^6)(\mathbf{y}) = \frac{9-15\sqrt{-15}}{2} I_{6\,(A_5)} + I^3_{2\,(A_5)} \\
&= \frac{9-15\sqrt{-15}}{2} y_1 y_3^5 + \left(55+15\sqrt{-15}\right) y_2^3 y_3^3 + \frac{105-15\sqrt{-15}}{2} y_1^2 y_2^2 y_3^2 + \\
&\quad \frac{15+15\sqrt{-15}}{2} y_1^4 y_2 y_3 + \frac{9-15\sqrt{-15}}{2} y_1 y_2^5 + y_1^6 \\
I_{12} &= \frac{H(I_6)}{50\cdot 135} \\
I_{30} &= \frac{bH(I_6, I_{12})}{81\cdot 100} \\
I_{45} &= \frac{J(I_6, I_{12}, I_{30})}{810}
\end{aligned}$$

erzeugt. Sie genügen der Relation

$$\begin{aligned}
&6561 I_{45}^2 - 2916 I_{30}^3 + \\
&\begin{pmatrix} \left(2916\sqrt{-15}-20412\right) I_6 I_{12}^2 + \left(27216\sqrt{-15}-66096\right) I_6^3 I_{12} + \\ \left(10692\sqrt{-15}-2268\right) I_6^5 \end{pmatrix} I_{30}^2 + \\
&\begin{pmatrix} \left(-3888\sqrt{-15}+27216\right) I_{12}^5 + \left(-77112\sqrt{-15}+187272\right) I_6^2 I_{12}^4 + \\ \left(-13068\sqrt{-15}+2772\right) I_6^4 I_{12}^3 + \left(227052\sqrt{-15}+425484\right) I_6^6 I_{12}^2 + \\ \left(120780\sqrt{-15}+662508\right) I_6^8 I_{12} + \left(8316\sqrt{-15}+293148\right) I_6^{10} \end{pmatrix} I_{30} + \\
&\left(-78624\sqrt{-15}+190944\right) I_6 I_{12}^7 + \left(-812592\sqrt{-15}+172368\right) I_6^3 I_{12}^6 - \\
&\left(3113992\sqrt{-15}+5835464\right) I_6^5 I_{12}^5 - \left(2669360\sqrt{-15}+14642096\right) I_6^7 I_{12}^4 - \\
&\left(376992\sqrt{-15}+13289376\right) I_6^9 I_{12}^3 + \left(522080\sqrt{-15}-4837280\right) I_6^{11} I_{12}^2 + \\
&\left(212296\sqrt{-15}-650744\right) I_6^{13} I_{12} = 0.
\end{aligned}$$

Daher zerfällt der Invariantenring der $A_6^{\mathrm{SL}_3}$ in die direkte Summe der graduierten Vektorräume

$$\mathcal{C}[y_1, y_2, y_3]^{A_6^{\mathrm{SL}_3}} = \mathcal{C}[I_6, I_{12}, I_{30}, I_{45}] = \mathcal{C}[I_6, I_{12}, I_{30}] \oplus I_{45}\cdot \mathcal{C}[I_6, I_{12}, I_{30}].$$

Man beachte, die Invariante I_6 wird in der oben angegebenen Weise auch von den Invarianten I_2 und I_6 der Gruppe A_5 erzeugt.

5.1.2 Die einfache Gruppe A_5

$$\mathbf{Y}^{12} + 10I_2\mathbf{Y}^{10} + 35I_2^2\mathbf{Y}^8 + (320I_6 + 60I_2^3)\mathbf{Y}^6 + (960I_2I_6 + 55I_2^4)\mathbf{Y}^4 + (1024I_{10} + 1984I_2^2I_6 + 26I_2^5)\mathbf{Y}^2 + 5120I_6^2 + 320I_2^3I_6 + 5I_2^6$$

ist ein in Invarianten zerlegtes Minimalpolynom der A_5. Der Ring der Invarianten der Gruppe A_5 wird erzeugt von

$$\begin{aligned}
I_2 &= 3R_{A_5}(y_1^2)(\mathbf{y}) = 4y_2y_3 + {y_1}^2 \\
I_6 &= \frac{1}{12}\left(13 \cdot 30R_{A_5}(y_1^2y_2^2y_3^2)(\mathbf{y}) - 15R_{A_5}(y_1^6)(\mathbf{y})\right) \\
&= y_1{y_3}^5 - 2{y_2}^3{y_3}^3 + {y_1}^2{y_2}^2{y_3}^2 - {y_1}^4y_2y_3 + y_1{y_2}^5 \\
I_{10} &= \frac{bH(I_2, I_6)}{16} \quad \left(= \frac{H(I_6) + 125I_6^2 - 95I_2^3I_6}{75I_2}\right) \\
I_{15} &= \frac{J(I_{10}, I_6, I_2)}{40}.
\end{aligned}$$

Zwischen diesen Fundamentalinvarianten besteht die Relation

$$\begin{aligned}
16I_{15}^2 - 16I_{10}^3 + \left(-88I_2^2I_6 - I_2^5\right)I_{10}^2 + \left(360I_2I_6^3 - 118I_2^4I_6^2 - 2I_2^7I_6\right)I_{10} - \\
864I_6^5 + 335I_2^3I_6^4 - 46I_2^6I_6^3 - I_2^9I_6^2 &= 0.
\end{aligned}$$

Der Invariantenring der A_5 läßt sich demnach in die direkte Summe der graduierten Vektorräume

$$\mathcal{C}[y_1, y_2, y_3]^{A_5} = \mathcal{C}[I_2, I_6, I_{10}, I_{15}] = \mathcal{C}[I_2, I_6, I_{10}] \oplus I_{15} \cdot \mathcal{C}[I_2, I_6, I_{10}]$$

zerlegen.
Für obige Zerlegung wurde I_2 mit dem Faktor $-\frac{1}{5}$, I_6 mit $-\frac{1}{5^3}$ und I_{10} mit $-\frac{1}{5^5}$ multipliziert.

5.1.3 Die Gruppe $A_5 \times C_3$

$$\begin{aligned}
&\mathbf{Y}^{36} + (650I_{6b} + 2880I_{6a})\mathbf{Y}^{30} + \\
&(61440I_{12} + 15875I_{6b}^2 - 798720I_{6a}I_{6b} + 2442240I_{6a}^2)\mathbf{Y}^{24} + \\
&\left(\begin{array}{l} (-17510400I_{6b} + 76677120I_{6a})I_{12} + 157500I_{6b}^3 - \\ 47476800I_{6a}I_{6b}^2 + 236298240I_{6a}^2I_{6b} + 575078400I_{6a}^3 \end{array}\right)\mathbf{Y}^{18} +
\end{aligned}$$

$$\left(\begin{array}{l}440401920I_{12}^2+\\(235008000I_{6b}^2+2793799680I_{6a}I_{6b}+13212057600I_{6a}^2)I_{12}+\\784375I_{6b}^4+425016000I_{6a}I_{6b}^3+\\8232391680I_{6a}^2I_{6b}^2+23327539200I_{6a}^3I_{6b}+9909043200I_{6a}^4\end{array}\right)\mathbf{Y}^{12}+$$

$$\left(\begin{array}{l}-32768000000000000000I_{15}^2+\\(293601280I_{6b}+4026531840I_{6a})I_{12}^2+\\\left(\begin{array}{l}-307968000I_{6b}^3-11506810880I_{6a}I_{6b}^2-\\140708413440I_{6a}^2I_{6b}-549621596160I_{6a}^3\end{array}\right)I_{12}+1956250I_{6b}^5-\\601536000I_{6a}I_{6b}^4-30691066880I_{6a}^2I_{6b}^3-510965514240I_{6a}^3I_{6b}^2-\\3167166136320I_{6a}^4I_{6b}-4078675427328I_{6a}^5\end{array}\right)\mathbf{Y}^6+$$

$$1953125I_{6b}^6+225000000I_{6a}I_{6b}^5+10800000000I_{6a}^2I_{6b}^4+276480000000I_{6a}^3I_{6b}^3+$$
$$3981312000000I_{6a}^4I_{6b}^2+30576476160000I_{6a}^5I_{6b}+97844723712000I_{6a}^6$$

ist ein in Invarianten zerlegtes Minimalpolynom für die $A_5 \times C_3$. Für diese Gruppe sind

$$\begin{aligned}
I_{6a} &= \frac{1}{12}\left(13\cdot 30R_{A_5\times C_3}(y_1^2y_2^2y_3^2)(\mathbf{y})-15R_{A_5\times C_3}(y_1^6)(\mathbf{y})\right)\\
&= y_1{y_3}^5-2{y_2}^3{y_3}^3+{y_1}^2{y_2}^2{y_3}^2-{y_1}^4y_2y_3+y_1{y_2}^5\\
I_{6b} &= -8\cdot 30R_{A_5\times C_3}(y_1^2y_2^2y_3^2)(\mathbf{y})+15R_{A_5\times C_3}(y_1^6)(\mathbf{y})\\
&= 64{y_2}^3{y_3}^3+48{y_1}^2{y_2}^2{y_3}^2+12{y_1}^4y_2y_3+{y_1}^6\\
I_{12} &= \frac{H(I_{6a})}{10}\\
I_{15} &= \frac{J(I_{6a},I_{6b},I_{12})}{900\cdot I_{6b}}
\end{aligned}$$

die Basisinvarianten. Sie erfüllen die Relation

$$\begin{aligned}
-13500I_{6b}I_{15}^2+32I_{12}^3+\left(15I_{6b}^2+408I_{6a}I_{6b}+1200I_{6a}^2\right)I_{12}^2+&\\
\left(-60I_{6a}I_{6b}^3-2766I_{6a}^2I_{6b}^2-30300I_{6a}^3I_{6b}+15000I_{6a}^4\right)I_{12}+&\\
60I_{6a}^2I_{6b}^4+3644I_{6a}^3I_{6b}^3+65175I_{6a}^4I_{6b}^2+286500I_{6a}^5I_{6b}+62500I_{6a}^6 &= 0.
\end{aligned}$$

Damit zerfällt der Invariantenring der $A_5\times C_3$ in die direkte Summe der graduierten Vektorräume

$$\begin{aligned}
\mathcal{C}[y_1,y_2,y_3]^{A_5\times C_3} &= \mathcal{C}[I_{6a},I_{6b},I_{12},I_{15}]\\
&= \mathcal{C}[I_{6a},I_{6b},I_{15}]\oplus I_{12}\cdot\mathcal{C}[I_{6a},I_{6b},I_{15}]\oplus I_{12}^2\cdot\mathcal{C}[I_{6a},I_{6b},I_{15}].
\end{aligned}$$

Man beachte, die Invarianten I_{6a} und I_{15} stimmen mit den Invarianten I_6 und I_{15} der Gruppe A_5 überein.
Für die obige Zerlegung wurde I_{6a} mit dem Faktor $-\frac{1}{3\cdot 5^3}$, I_{6b} mit $-\frac{1}{5^4}$, I_{12} mit $-\frac{1}{3\cdot 5^7}$ und I_{15} mit $-\frac{1}{5^{15}}$ multipliziert.

5.1.4 Die einfache Gruppe G_{168}

$$
\begin{aligned}
&\mathbf{Y}^{42} + 98I_4\mathbf{Y}^{38} + 126I_6\mathbf{Y}^{36} + 3087I_4^2\mathbf{Y}^{34} + \\
&6174I_4I_6\mathbf{Y}^{32} + (1547I_6^2 + 33712I_4^3)\mathbf{Y}^{30} + (2499I_{14} - 2940I_4^2I_6)\mathbf{Y}^{28} + \\
&(42532I_4I_6^2 - 2401I_4^4)\mathbf{Y}^{26} + (52724I_4I_{14} - 21420I_6^3 - 1908452I_4^3I_6)\mathbf{Y}^{24} + \\
&(-3332I_6I_{14} + 1560258I_4^2I_6^2 - 3669414I_4^5)\mathbf{Y}^{22} + \\
&(-33614I_4^2I_{14} - 1238916I_4I_6^3 + 6084134I_4^4I_6)\mathbf{Y}^{20} + \\
&(239316I_4I_6I_{14} + 227591I_6^4 + 1222060I_4^3I_6^2 + 54125057I_4^6)\mathbf{Y}^{18} + \\
&((-40278I_6^2 - 2649332I_4^3)I_{14} - 14036932I_4^2I_6^3 - 51243514I_4^5I_6)\mathbf{Y}^{16} + \\
&\begin{pmatrix} 1715I_{14}^2 + 2067604I_4^2I_6I_{14} + 4847178I_4I_6^4 + \\ 123928987I_4^4I_6^2 - 261257612I_4^7 \end{pmatrix}\mathbf{Y}^{14} + \\
&\begin{pmatrix} (-344372I_4I_6^2 + 3733555I_4^4)I_{14} - 396018I_6^5 - \\ 121236780I_4^3I_6^3 + 11198264I_4^6I_6 \end{pmatrix}\mathbf{Y}^{12} + \\
&\begin{pmatrix} -11662I_4I_{14}^2 + (-7252I_6^3 - 5025636I_4^3I_6)I_{14} \\ +36297191I_4^2I_6^4 + 342404552I_4^5I_6^2 + 706815984I_4^8 \end{pmatrix}\mathbf{Y}^{10} + \\
&\begin{pmatrix} 6174I_6I_{14}^2 + (2449706I_4^2I_6^2 + 8509144I_4^5)I_{14} \\ -3720570I_4I_6^5 - 224349440I_4^4I_6^3 - 1094318176I_4^7I_6 \end{pmatrix}\mathbf{Y}^{8} + \\
&\begin{pmatrix} 45619I_4^2I_{14}^2 + (-569380I_4I_6^3 - 10679648I_4^4I_6)I_{14} + 186445I_6^6 \\ +50394932I_4^3I_6^4 + 641816112I_4^6I_6^2 - 214053952I_4^9 \end{pmatrix}\mathbf{Y}^{6} + \\
&\begin{pmatrix} -24010I_4I_6I_{14}^2 + (48363I_6^4 + 3630312I_4^3I_6^2 - 2958032I_4^6)I_{14} \\ -4151672I_4^2I_6^5 - 157198272I_4^5I_6^3 + 169952384I_4^8I_6 \end{pmatrix}\mathbf{Y}^{4} + \\
&\begin{pmatrix} (3087I_6^2 + 9604I_4^3)I_{14}^2 + (-378672I_4^2I_6^3 + 460992I_4^5I_6)I_{14} \\ +63504I_4I_6^6 + 14839552I_4^4I_6^4 - 31962112I_4^7I_6^2 + 17210368I_4^{10} \end{pmatrix}\mathbf{Y}^{2} + \\
&49I_{14}^3 - 4312I_4^2I_6I_{14}^2 + (7056I_4\ I_6^4 + 53312I_4^4I_6^2 - 87808I_4^7)I_{14} + 1728I_6^7 - \\
&420224I_4^3I_6^5 + 1078784I_4^6I_6^3 - 702464I_4^9I_6
\end{aligned}
$$

ist ein in Invarianten zerlegtes Minimalpolynom für die einfache Gruppe G_{168}. Die Basisinvarianten der G_{168} sind

$$
\begin{aligned}
I_4 &= 3R_{G_{168}}(y_1^3y_2)(\mathbf{y}) = y_2{y_3}^3 + {y_1}^3y_3 + y_1{y_2}^3 \\
I_6 &= -\frac{H(I_4)}{54} \\
I_{14} &= \frac{bH(I_4, I_6)}{9} \\
I_{21} &= -\frac{J(I_4, I_6, I_{14})}{14}.
\end{aligned}
$$

Zwischen diesen Basisinvarianten besteht die Relation

$$\begin{aligned} I_{21}^2 - I_{14}^3 - 88I_4^2I_6I_{14}^2 + (-1008I_4I_6^4 - 1088I_4^4I_6^2 + 256I_4^7)I_{14} + \\ 1728I_6^7 - 60032I_4^3I_6^5 + 22016I_4^6I_6^3 - 2048I_4^9I_6 &= 0. \end{aligned} \tag{5.1}$$

Der Ring der Invarianten der Gruppe G_{168} kann damit in die direkte Summe der graduierten Vektorräume

$$\mathcal{C}[y_1, y_2, y_3]^{G_{168}} = \mathcal{C}[I_4, I_6, I_{14}, I_{21}] = \mathcal{C}[I_4, I_6, I_{14}] \oplus I_{21} \cdot \mathcal{C}[I_4, I_6, I_{14}]$$

zerlegt werden.
Für obige Zerlegung wurde I_4 mit dem Faktor $\frac{1}{7}(\beta^5 - 4\beta^4 + 6\beta^3 - 4\beta^2 + \beta)$, I_6 mit $-\beta^5 - \beta^4 - 3\beta^2 + 2\beta - 3$ und I_{14} mit $-\frac{1}{7}(100\beta^5 + 48\beta^4 + 48\beta^3 + 100\beta^2 + 131)$ multipliziert.

5.1.5 Die Gruppe $G_{168} \times C_3$

Ein in Invarianten zerlegtes Minimalpolynom der Gruppe $G_{168} \times C_3$ würde 8 Seiten füllen und wurde deshalb hier nicht aufgenommen.
Die Invarianten

$$\begin{aligned} I_6 &= -14R_{G_{168}\times C_3}(y_1^2y_2^2y_3^2)(\mathbf{y}) \\ &= y_1{y_3}^5 - 5{y_1}^2{y_2}^2{y_3}^2 + {y_2}^5y_3 + {y_1}^5y_2 \\ I_{12} &= \frac{H(I_6)}{250} \\ I_{18} &= \frac{\frac{bH(I_6,I_{12})}{300} - 40I_6I_{12}^2 + 92I_6^3I_{12} - 48I_6^5}{\frac{3}{2}\left(-I_{12} + I_6^2\right)} \\ I_{21} &= \frac{J(I_6, I_{12}, I_{18})}{42\left(I_{12} - I_6^2\right)} \end{aligned}$$

erzeugen den Invariantenring der Gruppe $G_{168} \times C_3$ und erfüllen die Relation

$$\begin{aligned} \left(I_{12} - I_6^2\right)I_{21}^2 + 2I_{18}^3 + \left(-88I_6I_{12} + 88I_6^3\right)I_{18}^2 + \\ \left(64I_{12}^3 + 352I_6^2I_{12}^2 - 1904I_6^4I_{12} + 1488I_6^6\right)I_{18} + \\ 256I_6I_{12}^4 + 4480I_6^3I_{12}^3 + 15040I_6^5I_{12}^2 - 42816I_6^7I_{12} + 23040I_6^9 &= 0. \end{aligned}$$

Daraus erhält man die Zerlegung des Invariantenringes der $G_{168} \times C_3$ in die direkte Summe der graduierten Vektorräume

$$\begin{aligned} \mathcal{C}[y_1, y_2, y_3]^{G_{168}\times C_3} &= \mathcal{C}[I_6, I_{12}, I_{18}, I_{21}] \\ &= \mathcal{C}[I_6, I_{12}, I_{21}] \oplus I_{18} \cdot \mathcal{C}[I_6, I_{12}, I_{21}] \oplus I_{18}^2 \cdot \mathcal{C}[I_6, I_{12}, I_{21}] \end{aligned}$$

Man beachte, die Invarianten I_6, I_{18} und I_{21} entsprechen I_6, I_4I_{14} und I_{21} der Gruppe G_{168}.

5.1.6 Die Gruppe $H_{216}^{\mathrm{SL}_3}$

$$
\begin{array}{l}
\mathbf{Y}^{81} + 252 \cdot 678040 I_9 \mathbf{Y}^{72} + \\
(96 \cdot 109 I_{18b} - 24752 \cdot 42240 I_{18a} - 1433 \cdot 554400 \cdot 678040 I_9^2) \mathbf{Y}^{63} + \\
(437328 \cdot 678040 I_9 I_{18b} - 13827116160 \cdot 678040 I_9 I_{18a} - 3173365140 \cdot 678040^2 I_9^3) \mathbf{Y}^{54} + \\
\left(\begin{array}{l}
2378922 I_{18b}^2 + (-252042399840 I_{18a} + 410229655605 \cdot 678040 I_9^2) I_{18b} \\
+2742611653161600 I_{18a}^2 - 7758199308400200 \cdot 678040 I_9^2 I_{18a} \\
+26227181970000 I_{12}^3 - 1541 \cdot 678040 \cdot 2276077150301464125 I_9^4
\end{array} \right) \mathbf{Y}^{45} + \\
\left(\begin{array}{l}
16273740 \cdot 678040 I_9 I_{18b}^2 + (-440 \cdot 678040 \cdot 1725274776 I_9 I_{18a} \\
-731802511770 \cdot 678040 I_9^3) I_{18b} + 440^2 \cdot 678040 \cdot 32812967244 I_9 I_{18a}^2 \\
+440 \cdot 678040^2 \cdot 39466384677390 I_9^3 I_{18a} + 440 \cdot 678040 \cdot 77032919700 I_9 I_{12}^3 \\
+1541 \cdot 678040^2 \cdot 2994750 \cdot 91304235226 I_9^5
\end{array} \right) \mathbf{Y}^{36} + \\
\left(\begin{array}{l}
(-1541 \cdot 237855024 I_{18a} - 96^2 \cdot 1541^2 \cdot 114621969 I_9^2) I_{18b}^2 \\
+\left(\begin{array}{l}
96 \cdot 1541 \cdot 91694720568 I_{18a}^2 + 1541 \cdot 678040 \cdot 91694720568 I_9^2 I_{18a} \\
+440 \cdot 1944832032 I_{12}^3 + 96 \cdot 1541 \cdot 678040^2 \cdot 155308184031 I_9^4
\end{array} \right) I_{18b} \\
-96 \cdot 678040 \cdot 18452814556644 I_{18a}^3 - 678040^2 \cdot 3869562391691832 I_9^2 I_{18a}^2 \\
+(-440^2 \cdot 4565189579742 I_{12}^3 + 1541 \cdot 678040^2 \cdot 3297746894585764 5 I_9^4) I_{18a} \\
-440^2 \cdot 678040 \cdot 12116526992757 I_9^2 I_{12}^3 + 678040^4 \cdot 2812729214064 I_9^6
\end{array} \right) \mathbf{Y}^{27} + \\
\left(\begin{array}{l}
(-1541 \cdot 678040 \cdot 1638000 I_9 I_{18a} + 96 \cdot 1541 \cdot 76355 \cdot 678040^2 I_9^3) I_{18b}^2 \\
+\left(\begin{array}{l}
96 \cdot 678040^2 \cdot 7459725 I_9 I_{18a}^2 + 678040^3 \cdot 12887838735 I_9^3 I_{18a} + \\
96 \cdot 440 \cdot 467775 \cdot 678040 I_9 I_{12}^3 + 678040^4 \cdot 56378305890 I_9^5
\end{array} \right) I_{18b} \\
-440 \cdot 678040^2 \cdot 78273402480 I_9 I_{18a}^3 - 440 \cdot 678040^3 \cdot 1066821506925 I_9^3 I_{18a}^2 \\
+\left(\begin{array}{l}
-440^2 \cdot 678040 \cdot 1345514826150 I_9 I_{12}^3 \\
-1541 \cdot 136125 \cdot 678040^3 \cdot 5245957756531 I_9^5
\end{array} \right) I_{18a} \\
-440^2 \cdot 678040^2 \cdot 12672176910525 I_9^3 I_{12}^3 \\
-1541 \cdot 136125 \cdot 678040^4 \cdot 1665725879822 I_9^7
\end{array} \right) \mathbf{Y}^{18} + \\
\left(\begin{array}{l}
\left(\begin{array}{l}
-1541^2 \cdot 5467500 I_{18a}^2 - 1541^2 \cdot 678040 \cdot 84442500 I_9^2 I_{18a} \\
+440 \cdot 51789375 I_{12}^3 - 1541^2 \cdot 678040^2 \cdot 331321875 I_9^4
\end{array} \right) I_{18b}^2 + \\
\left(\begin{array}{l}
1541 \cdot 678040 \cdot 2390391000 I_{18a}^3 + 1541^2 \cdot 678040 \\
\cdot 27030333602250 I_9^2 I_{18a}^2 + (-440^2 \cdot 28961377875 I_{12}^3 + 1541^2 \cdot 678040^2 \\
\cdot 233104506219750 I_9^4) I_{18a} - 136125 \cdot 678040 \cdot 525966499980 I_9^2 I_{12}^3 \\
+1541^3 \cdot 678040^2 \cdot 60382789 \cdot 4585597500 I_9^6
\end{array} \right) I_{18b} \\
-678040^2 \cdot 261269736300 I_{18a}^4 - 1541 \cdot 678040^2 \cdot 4677750 \cdot 586853677 I_9^2 I_{18a}^3 + \\
(440 \cdot 136125 \cdot 6419122275420 I_{12}^3 - 1541^3 \cdot 678040 \cdot 3787123 \\
\cdot 124781250 I_9^4) I_{18a}^2 + (440 \cdot 136125 \cdot 678040 \cdot 830250 \cdot 164226949 I_9^2 I_{12}^3 \\
-1541^3 \cdot 147031 \cdot 678040^2 \cdot 24956250 \cdot 3091040093 I_9^6) I_{18a} \\
-96 \cdot 19602 \cdot 136125^2 I_{12}^6 + 1541 \cdot 136125^2 \cdot 678040 \cdot 4850413 \cdot 207487116 I_9^4 I_{12}^3 \\
-1541^4 \cdot 136125 \cdot 678040^2 \cdot 2357745500 \cdot 4643757977 I_9^8
\end{array} \right) \mathbf{Y}^9 \\
+ 678040^9 I_9^9
\end{array}
$$

ist ein in Invarianten zerlegtes Minimalpolynom für die Gruppe $H_{216}^{\mathrm{SL}_3}$. Die

Fundamentalinvarianten der $H_{216}^{\mathrm{SL}_3}$ sind

$$\begin{aligned} I_9 &= 6 \cdot R_{\mathrm{H}_{216}^{\mathrm{SL}_3}}(y_1^6 y_3^3)(\mathbf{y}) \\ &= \left(y_2{}^3 - y_1{}^3\right) y_3{}^6 + \left(-y_2{}^6 + y_1{}^6\right) y_3{}^3 + y_1{}^3 y_2{}^6 - y_1{}^6\, y_2{}^3 \\ I_{12} &= \frac{H(I_9)}{864 \cdot I_9} \\ I_{18a} &= \frac{H(I_{12})}{22 \cdot I_{12}} \\ I_{18b} &= \frac{\begin{pmatrix} 1541\,(11J(I_9, I_{12}, I_{18a}) + 288bH(I_{12}, I_9)) - 1093 \cdot 11 I_{18a}^2 - \\ 2187 \cdot 8599 I_{18a} I_9^2 - 1541 \cdot 972 \cdot 176 I_{12}^3 + 2187 \cdot 729 \cdot 176 I_9^4 \end{pmatrix}}{-55 I_{18a} + 729 \cdot 176 I_9^2}. \end{aligned}$$

Sie erfüllen die Relation

$$\begin{aligned} 1100 I_{18b}^3 + \left(-513345 I_{18a} - 492521148 I_9^2\right) I_{18b}^2 + \left(66740766 I_{18a}^2 + \right. \\ \left. 64849593222 I_9^2 I_{18a} + 9971380506 24 I_{12}^3 + 2138503703652 I_9^4\right) I_{18b} - \\ 1549459753 I_{18a}^3 - 2164948220934 I_9^2 I_{18a}^2 + \\ \left(-448462838268144 I_{12}^3 - 139370747155209 I_9^4\right) I_{18a} - \\ 500035815384467904 I_9^2 I_{12}^3 - 2332700605681812 I_9^6 &= 0. \end{aligned}$$

Der Ring der Invarianten der $H_{216}^{\mathrm{SL}_3}$ läßt sich demnach in die direkte Summe der graduierten Vektorräume

$$\begin{aligned} \mathcal{C}[y_1, y_2, y_3]^{H_{216}^{\mathrm{SL}_3}} &= \mathcal{C}[I_9, I_{12}, I_{18a}, I_{18b}] \\ &= \mathcal{C}[I_9, I_{12}, I_{18a}] \oplus I_{18b} \cdot \mathcal{C}[I_9, I_{12}, I_{18a}] \oplus I_{18b}^2 \cdot \mathcal{C}[I_9, I_{12}, I_{18a}] \end{aligned}$$

zerlegen.
Für obige Zerlegung wurde I_9 mit dem Faktor $\frac{1}{440 \cdot 1541} = \frac{1}{678040}$ multipliziert, I_{12} mit $\frac{1}{440}$, I_{18a} mit $\frac{1}{96 \cdot 440 \cdot 1541}$ und I_{18b} mit $\frac{1}{96 \cdot 1541}$.

5.1.7 Die Gruppe $H_{72}^{\mathrm{SL}_3}$

$$\begin{aligned} &\mathbf{Y}^{27} + 78 I_6 \mathbf{Y}^{21} + 168 I_9 \mathbf{Y}^{18} + (90 I_{12b} + 858 I_6^2)\mathbf{Y}^{15} - 1092 I_6 I_9 \mathbf{Y}^{12} + \\ &(468 I_6 I_{12b} - 636 I_9^2 + 11492 I_6^3)\mathbf{Y}^9 + (72 I_9 I_{12b} + 3120 I_6^2 I_9)\mathbf{Y}^6 + \\ &(-3 I_{12b}^2 + 78 I_6^2 I_{12b} - 390 I_6 I_9^2 - 507 I_6^4)\mathbf{Y}^3 + 8 I_9^3 \end{aligned}$$

ist ein in Invarianten zerlegtes Minimalpolynom der Gruppe $H_{72}^{\mathrm{SL}_3}$. Die Invarianten der $H_{72}^{\mathrm{SL}_3}$ werden von

$$\begin{aligned}
I_6 &= 18 \cdot R_{H_{72}^{\mathrm{SL}_3}}(y_1^6)(\mathbf{y}) \\
&= {y_3}^6 + \left(-10\,{y_2}^3 - 10\,{y_1}^3\right){y_3}^3 + {y_2}^6 - 10{y_1}^3{y_2}^3 + {y_1}^6 \\
I_9 &= 6 \cdot R_{\mathrm{H}_{72}^{\mathrm{SL}_3}}(y_1^6 y_3^3)(\mathbf{y}) \\
&= \left({y_2}^3 - {y_1}^3\right){y_3}^6 + \left(-{y_2}^6 + {y_1}^6\right){y_3}^3 + {y_1}^3{y_2}^6 - {y_1}^6\,{y_2}^3 \\
I_{12a} &= \frac{H(I_6)}{108000} = \frac{H(I_9)}{864 \cdot I_9} \\
I_{12b} &= \frac{13\frac{H(I_{12a})}{I_{12a}} + 936 \cdot 264 I_9^2 - 1166 I_6^3}{264 I_6}
\end{aligned}$$

erzeugt. Zwischen diesen 4 Fundamentalinvarianten besteht die Syzygie

$$\begin{aligned}
16I_{12b}^3 - 9I_6^2I_{12b}^2 + \left(-109512I_6I_9^2 - 30I_6^4\right)I_{12b} - 949104I_{12a}^3 - \\
25625808I_9^4 - 127764I_6^3I_9^2 + 23I_6^6 &= 0.
\end{aligned}$$

Den Invariantenring der $H_{72}^{\mathrm{SL}_3}$ kann man damit in die direkte Summe der graduierten Vektorräume

$$\begin{aligned}
\mathcal{C}[y_1, y_2, y_3]^{\mathrm{H}_{72}^{\mathrm{SL}_3}} &= \mathcal{C}[I_6, I_9, I_{12a}, I_{12b}] \\
&= \mathcal{C}[I_6, I_9, I_{12a}] \oplus I_{12b} \cdot \mathcal{C}[I_6, I_9, I_{12a}] \oplus I_{12b}^2 \cdot \mathcal{C}[I_6, I_9, I_{12a}]
\end{aligned}$$

zerlegen.

Man beachte, die beiden Invarianten I_9 und I_{12a} stimmen mit den Invarianten I_9 und I_{12} der Gruppe $H_{72}^{\mathrm{SL}_3}$ überein.

Für obige Zerlegung wurde I_6 mit dem Faktor $-\frac{1}{26}$, I_9 mit $\frac{1}{2}$ und I_{12b} mit $\frac{1}{52}$ multipliziert.

5.1.8 Die Gruppe $F_{36}^{\mathrm{SL}_3}$

$$\begin{aligned}
&\mathbf{Y}^{36} + (900I_{6b} - 60I_{6a})\mathbf{Y}^{30} + \\
&(-858I_{12b} + 5340I_{12a} - 29700I_{6b}^2 - 43740I_{6a}I_{6b} + 1500I_{6a}^2)\mathbf{Y}^{24} + \\
&\left(\begin{array}{l} (-19620I_{6b} + 13260I_{6a})I_{12b} + (-1197000I_{6b} - 46200I_{6a})I_{12a} \\ -21600000I_{6b}^3 + 7403400I_{6a}I_{6b}^2 + 433800I_{6a}^2I_{6b} - 20000I_{6a}^3 \end{array}\right)\mathbf{Y}^{18} + \\
&\left(\begin{array}{l} \left(\begin{array}{l} -17550I_{12a} - 1362150I_{6b}^2 + \\ 506700I_{6a}I_{6b} - 43575I_{6a}^2 \end{array}\right)I_{12b} + 1963575I_{12a}^2 \\ +(102255750I_{6b}^2 - 26977500I_{6a}I_{6b} - 212250I_{6a}^2)I_{12a} + 271096875I_{6b}^4 \\ -213192000I_{6a}I_{6b}^3 + 36581625I_{6a}^2I_{6b}^2 - 587250I_{6a}^3I_{6b} + 150000I_{6a}^4 \end{array}\right)\mathbf{Y}^{12} +
\end{aligned}$$

$$\left(\begin{array}{l}\left(\begin{array}{l}(1393200 I_{6b} - 280800 I_{6a}) I_{12a} + 5022000 I_{6b}^3 \\ -81000 I_{6a} I_{6b}^2 - 756000 I_{6a}^2 I_{6b} + 105000 I_{6a}^3\end{array}\right) I_{12b} \\ +(-152928000 I_{6b} + 31077000 I_{6a}) I_{12a}^2 \\ +\left(\begin{array}{l}-1705050000 I_{6b}^3 + 832356000 I_{6a} I_{6b}^2 - \\ 88344000 I_{6a}^2 I_{6b} - 1050000 I_{6a}^3\end{array}\right) I_{12a} \\ -7326450000 I_{6b}^5 + 6304635000 I_{6a} I_{6b}^4 - 1719630000 I_{6a}^2 I_{6b}^3 \\ +137295000 I_{6a}^3 I_{6b}^2 + 4950000 I_{6a}^4 I_{6b} - 600000 I_{6a}^5\end{array}\right) \mathbf{Y}^6 +$$

$$\left(\begin{array}{l}-561600 I_{12a}^2 + \left(-10368000 I_{6b}^2 + 3456000 I_{6a} I_{6b} - 288000 I_{6a}^2\right) I_{12a} \\ -51840000 I_{6b}^4 + 34560000 I_{6a} I_{6b}^3 - 8640000 I_{6a}^2 I_{6b}^2 + 960000 I_{6a}^3 I_{6b} - \\ 40000 I_{6a}^4\end{array}\right) I_{12b}$$

$$+ 60048000 I_{12a}^3 + \left(1454760000 I_{6b}^2 - 543888000 I_{6a} I_{6b} + 43920000 I_{6a}^2\right) I_{12a}^2$$

$$+ \left(\begin{array}{l}12182400000 I_{6b}^4 - 9210240000 I_{6a} I_{6b}^3 + 2458080000 I_{6a}^2 I_{6b}^2 \\ -277440000 I_{6a}^3 I_{6b} + 11200000 I_{6a}^4\end{array}\right) I_{12a}$$

$$+ 34992000000 I_{6b}^6 - 40435200000 I_{6a} I_{6b}^5 + 18532800000 I_{6a}^2 I_{6b}^4 - 4363200000 I_{6a}^3 I_{6b}^3$$

$$+ 559800000 I_{6a}^4 I_{6b}^2 - 37200000 I_{6a}^5 I_{6b} + 1000000 I_{6a}^6$$

ist ein in Invarianten zerlegtes Minimalpolynom für die Gruppe $F_{36}^{\mathrm{SL}_3}$. Die Invarianten der $F_{36}^{\mathrm{SL}_3}$ werden erzeugt von

$$\begin{aligned}
I_{6a} &= -18 R_{F_{36}^{\mathrm{SL}_3}}(y_1^2 y_2^2 y_3^2)(\mathbf{y}) - 36 R_{F_{36}^{\mathrm{SL}_3}}(y_2^3 y_3^3)(\mathbf{y}) \\
&= {y_3}^6 + \left(-10\, {y_2}^3 - 10\, {y_1}^3\right) {y_3}^3 + {y_2}^6 - 10 {y_1}^3 {y_2}^3 + {y_1}^6 \\
I_{6b} &= 6 R_{F_{36}^{\mathrm{SL}_3}}(y_1^2 y_2^2 y_3^2)(\mathbf{y}) - 6 R_{F_{36}^{\mathrm{SL}_3}}(y_2^3 y_3^3)(\mathbf{y}) \\
&= y_1 y_2 {y_3}^4 + \left(-2 y_2^3 - 2 y_1^3\right) y_3^3 + 3 y_1^2 y_2^2 y_3^2 + \left(y_1 y_2^4 + y_1^4 y_2\right) y_3 - 2 y_1^3 y_2^3 \\
I_9 &= \frac{5 J(I_{6a}, I_{6b}, I_{12a})}{-144 I_{12b} + 3960 I_{12a} + 3240 I_{6b}^2 - 2592 I_{6b} I_{6a} + 180 I_{6a}^2} \\
I_{12a} &= \frac{H(I_{6a})}{108000} = \frac{H(I_9)}{864 \cdot I_9} \\
I_{12b} &= \frac{H(I_{6b})}{10}.
\end{aligned}$$

Das Syzygien-Ideal dieser Fundamentalinvarianten wird durch die beiden Relationen

$$\begin{aligned}
(6 I_{6b} - I_{6a}) I_{12b} + (-165 I_{6b} + 5 I_{6a}) I_{12a} - & \\
270 I_9^2 - 135 I_{6b}^3 + 63 I_{6a} I_{6b}^2 - 3 I_{6a}^2 I_{6b} &= 0
\end{aligned}$$

$$\begin{aligned}
4 I_{12b}^2 + \left(-220 I_{12a} + 9 I_{6a}^2\right) I_{12b} + 325 I_{12a}^2 + & \\
\left(-8100 I_{6b}^2 + 2025 I_{6a} I_{6b} - 45 I_{6a}^2\right) I_{12a} + (-8100 I_{6b} + 5130 I_{6a}) I_9^2 - & \\
10125 I_{6b}^4 + 6615 I_{6a} I_{6b}^3 - 1116 I_{6a}^2 I_{6b}^2 + 27 I_{6a}^3 I_{6b} &= 0
\end{aligned}$$

aufgespannt.

Den Ring der Invarianten der Gruppe $F_{36}^{\mathrm{SL}_3}$ kann man damit in die direkte

Summe der graduierten Vektorräume

$$\begin{aligned} \mathcal{C}[y_1, y_2, y_3]^{F_{36}^{\mathrm{SL}_3}} &= \mathcal{C}[I_{6a}, I_{6b}, I_9, I_{12a}, I_{12b}] \\ &= \mathcal{C}[I_{6a}, I_{6b}, I_{12a}] \oplus I_9 \cdot \mathcal{C}[I_{6a}, I_{6b}, I_{12a}] \oplus I_{12b} \cdot \mathcal{C}[I_{6a}, I_{6b}, I_{12a}] \\ &\quad \oplus I_9 I_{12b} \cdot \mathcal{C}[I_{6a}, I_{6b}, I_{12a}] \end{aligned}$$

zerlegen.
Man beachte, die Invarianten I_{6a}, I_9 und I_{12a} stimmen mit den gleichlautenden Invarianten der Gruppe $H_{72}^{\mathrm{SL}_3}$ überein.
Für obige Zerlegung wurde I_{6a}, I_{6b}, I_{12a} und I_{12b} jeweils mit dem entsprechenden Faktor $\frac{1}{10}$, $\frac{1}{10}$, $\frac{1}{20}$ und $\frac{1}{10}$ multipliziert.

5.2 Eine Schranke für den Grad von Invarianten

In diesem Abschnitt wird als Konsequenz der vorangestellten Berechnungen eine obere Schranke für den Grad von algorithmisch aufwendig zu berechnenden rationalen Invarianten gegeben. Die verbleibenden Invarianten bestimmt man dann über Determinantenformeln in der im vorigen Abschnitt angegebenen Weise.

Eine imprimitive Gruppe von Primzahlgrad ist monomial. Nach Singer und Ulmer [78, Proposition 3.6] besitzt die dritte symmetrische Potenz $L^{\circledS 3}(y) = 0$ einer irreduziblen linearen Differentialgleichung $L(y) = 0$ dritter Ordnung über k mit monomialer Galoisgruppe $\mathcal{G}(L) \subseteq \mathrm{SL}(3, \mathcal{C})$ eine Quadratwurzel aus einem Element aus k als Lösung. Also kann man zur Bestimmung einer rationalen Invariante im imprimitiven Fall entweder die exponentiellen Lösungen der dritten symmetrischen Potenz von $L(y) = 0$ berechnen und prüfen, ob deren Quadrate Elemente in k sind, oder man berechnet die rationalen Lösungen der sechsten symmetrischen Potenz von $L(y) = 0$. Man hat dann allerdings zu entscheiden, ob diese Lösungen quadratisch sind (siehe Beweis von Proposition 5.2.2).

Im Fall einer primitiven Galoisgruppe $\mathcal{G}(L) \subseteq \mathrm{SL}(3, \mathcal{C})$ muß man nach Abschnitt 5.1 mindestens die Invarianten bzw. deren rationale Invarianten berechnen, die mit dem Reynoldsoperator erzeugt wurden.

Definition 5.2.1
Es seien V ein endlich-dimensionaler $\mathcal{C}$-Vektorraum und G eine lineare Untergruppe der $\mathrm{GL}(V)$. *Eine Fundamentalinvariante $I \in \mathcal{C}[V]^G$ heißt* ***konstruiert****, falls sie sich mit einer der klassischen Methoden wie der Hesseschen Determinante, geänderten Hesseschen Determinante oder der Jacobi-*

schen Determinante aus anderen Fundamentalinvarianten kleineren oder gleichen Grades erzeugen läßt, andernfalls heißt I ***Grundinvariante****. Eine rationale Invariante heißt* ***konstruierte rationale Invariante*** *bzw.* ***rationale Grundinvariante****, falls ihre zugehörige Fundamentalinvariante I konstruiert ist bzw. I eine Grundinvariante ist.*

Konstruierte rationale Invarianten kann man aus Grundinvarianten mit der in Weil [95, Théorème 52, Proposition 50] entwickelten Methode, die Hessesche Determinante und der mit ihr verwandten Erzeuger via Darboux-Polynome zu bestimmen, zusammen mit den in Abschnitt 5.1 gegebenen Formeln berechnen.

Proposition 5.2.2
Es sei $L(y) = 0$ eine irreduzible lineare Differentialgleichung dritter Ordnung über k mit unimodularer Galoisgruppe $\mathcal{G}(L)$. Dann kann anhand der Grundinvarianten der Grade $\{2, 4, 6, 9\}$ entschieden werden, ob $L(y) = 0$ eine liouvillesche Lösung besitzt oder nicht, d.h. es brauchen rationale Grundinvarianten höchstens bis zum Grad 9 berechnet werden.

Beweis. Es werden die Fälle einer imprimitiven und primitiven Galoisgruppe $\mathcal{G}(L)$ unterschieden.
Im Fall einer imprimitiven Galoisgruppe ist nach Proposition 3.6 aus [78] das Polynom $I = v_1^2 v_2^2 v_3^2 \in \mathcal{C}[v_1, v_2, v_3]^{\mathcal{G}(L)}$ eine Invariante, und zwar unabhängig von der gewählten Darstellung von $\mathcal{G}(L)$. Mit Algorithmus 3 aus van Hoeij und Weil [91] können alle rationalen Invarianten und ihre zugehörigen (polynomialen) Invarianten berechnet werden. Weiter muß notwendig eine nichttriviale zu I gehörende rationale Invariante existieren. Denn ist $\{y_1, y_2, y_3\}$ ein Fundamentalsystem liouvillescher Funktionen von $L(y) = 0$, dann ist $I(y_1, y_2, y_3) \neq 0$, weil die liouvilleschen Funktionen über k einen Körper bilden. Das Anwenden von Algorithmus 4.12 aus [21] zur Zerlegung einer Invariante in andere Invarianten erlaubt, die zu I gehörende rationale Invariante zu berechnen oder zu zeigen, daß es gar keine solche Invariante I gibt.
Ist die Galoisgruppe von $L(y) = 0$ nicht imprimitiv, kann $L(y) = 0$ durch eine geeignete Transformation auf eine Differentialgleichung derselben Art gebracht werden, so daß alle zugehörigen (rationalen) Grundinvarianten von Null verschieden sind und die Galoisgruppe sich nicht ändert. Nach Abschnitt 5.1 haben mögliche Grundinvarianten gerade die Grade 2, 4, 6 und 9 (siehe Tabelle 5.1). Die einzige unendliche primitive unimodulare Galoisgruppe, die es gibt, ist die SL(3, $\mathcal{C}$) selbst. Eine Differentialgleichung $L(y) = 0$ mit SL(3, $\mathcal{C}$) als zugehöriger Galoisgruppe besitzt keine nichttrivialen rationalen Invarianten, weil in diesem Fall sämtliche symmetrische Potenzen von $L(y) = 0$ irreduzibel sind (siehe z.B. [78, Theorem 4.7]).

Es hat also $L(y) = 0$ eine liouvillesche Lösung genau dann, wenn $\mathcal{G}(L)$ entweder imprimitiv oder primitiv und endlich ist. Diese Fälle können mit den vorausgesetzten Grundinvarianten erkannt (und behandelt) werden. □

$A_6^{\mathrm{SL}_3}$	A_5	$A_5 \times \mathrm{C}_3$	G_{168}	$G_{168} \times \mathrm{C}_3$	$H_{216}^{\mathrm{SL}_3}$	$H_{72}^{\mathrm{SL}_3}$	$F_{36}^{\mathrm{SL}_3}$
	2						
			4				
6	**6**	**6, 6**	6	**6**		**6**	**6, 6**
					9	**9**	9
	10						
12		12		12	12	12, 12	12, 12
			14				
	15	15					
				18	18, 18		
			21	21			
30							
45							

Tabelle 5.1: Grade der Invarianten der primitiven Untergruppen der SL(3, $\mathcal{C}$)

Notwendige und hinreichende Bedingungen für liouvillesche Lösungen von irreduziblen linearen Differentialgleichungen dritter Ordnung sind nicht neu, beispielsweise findet man solche Bedingungen in [78, Corollary 4.9 und 4.10].

Man beachte, im obigen Beweis geht es nicht um eine möglichst effiziente Vorgehensweise, sondern lediglich um die Machbarkeit. Für eine Unterscheidung der primitiven endlichen Untergruppen der SL(3, $\mathcal{C}$) kann man Tabelle 5.1 verwenden. Dort sind die Grade der Grundinvarianten fett gedruckt.

5.3 Lösen der Differentialgleichung von Hurwitz

Im folgenden wird eine von A. Hurwitz [37] aufgestellte Differentialgleichung $H(y) = 0$ mit der in Abschnitt 4.5 vorgestellten Methode gelöst. Die Gleichung $H(y) = 0$ geht zurück auf die Arbeit „*Ueber die Transformation siebenter Ordnung der elliptischen Functionen*" von F. Klein [47]. In dieser Arbeit ist Klein ein wichtiger Beitrag gelungen zu der damals viel diskutierten Frage nach der Auflösbarkeit algebraischer Gleichungen mittels elliptischer Modulfunktionen. Zur Untersuchung der Transformation siebter Ordnung von elliptischen Funktionen (siehe auch [45], [46]) konstruierte Klein, ausgehend von der einfachen

Gruppe G_{168}, die aus 168 linearen Substitutionen besteht, die Riemannsche Fläche [47, Seite 441]

$$F(\lambda, \mu, \nu) = \lambda^3\mu + \mu^3\nu + \nu^3\lambda = 0. \tag{5.2}$$

Er gab weiter eine Matrixdarstellung der Gruppe G_{168} an [47, Seite 444], welche bis auf eine kleine Abweichung in der Matrix S die Darstellung $G_{168} = \langle S, T, R \rangle$ von Abschnitt 5.1 ist. Auch gab er die zur Kurve (5.2) gehörenden Invarianten (Kovarianten) an, welche, bis auf das Vorzeichen von I_6, den in Abschnitt 5.1.4 gegebenen Invarianten entsprechen.
Zur expliziten Lösung (Parametrisierung) der Kurve stellte Klein eine Gleichung 168ten Grades auf (die Galoissche Resolvente der Modulargleichung achten Grades) und löste sie in Termen von elliptischen Funktionen [47, Seite 456]. Dabei bemerkte er, in der inzwischen viel zitierten Fußnote [47, Seite 455]: *„Sie* [die Gleichung 168ten Grades] *muss sich auch durch eine lineare Differentialgleichung dritter Ordnung lösen lassen; wie hat man dieselbe aufzustellen?“*
Eine erste Lösung dieser Aufgabe stammt von G. Halphen [32]. Er gibt jedoch die gesuchte Differentialgleichung nur in einer impliziten Form an. In [37] wird von A. Hurwitz eine zweite Lösung dieses Problems in expliziter Form entwickelt. Seine Lösung lautet:

$$\begin{aligned} H(y) &= x^2(x-1)^2y''' + (7x-4)x(x-1)y'' \\ &\quad + \left(\frac{72}{7}(x^2-x) - \frac{20}{9}(x-1) + \frac{3}{4}x\right)y' \\ &\quad + \left(\frac{72\cdot 11}{7^3}(x-1) + \frac{5}{8} + \frac{2}{63}\right)y = 0. \end{aligned}$$

Hurwitz, einem Schüler von Klein, gelang die Bestimmung dieser Gleichung vor allem durch das Aufstellen von 1-Formen oder – wie er sie bezeichnete – dreier linear unabhängigen überall endlichen Integrale von $F(\lambda, \mu, \nu)$ und durch Verwenden der von Klein in [47] hergeleiteten Beziehungen. Da die zu erstellende Differentialgleichung notwendig zur Fuchsschen Klasse gehören muß (siehe hierzu auch [80], S. 323, [30] S. 232 und 390), war der Rest ein Ausnutzen der Fuchsschen Relationen unter Beachtung, daß keine logarithmischen Terme auftreten dürfen. Die Lösungen dieser Differentialgleichung gibt Hurwitz in Form von Thetafunktionen ([37], S. 122). Thetareihen konvergieren sehr schnell (siehe z.B. Naas [62]) , d.h. man bekommt dadurch eine sehr gute Repräsentation der Lösungen.

In Singer und Ulmer [80] wird gezeigt, daß die zur Differentialgleichung $H(y) = 0$ gehörende Differential-Galoisgruppe isomorph zur Gruppe G_{168} ist. Diese Tatsache ermöglicht die direkte Berechnung des Minimalpolynoms einer Lösung von $H(y) = 0$ mit der in Abschnitt 4.5 vorgestellten Methode. Hierzu werden die rationalen Invarianten zu den vier Invarianten I_4, I_6, I_{14} und I_{21} bestimmt. Die rationale Invariante von I_4 muß nach der Kurve (5.2) verschwinden, d.h. $I_4 = 0$. Die Berechnung der verbleibenden rationalen Invarianten durch Bestimmen der entsprechenden symmetrischen Potenzen und deren rationalen Lösungen hat sich als derzeit nicht durchführbar herausgestellt (siehe [21], S. 57f, Weil [95], S. 66). Eine Verbesserung dieser Situation ist durch die Implementierung des Algorithmus aus [91] zu erwarten. In [95] hat Weil eine Methode entwickelt, die rationalen Invarianten via Darboux-Polynome zu berechnen ([95], Théorème 52, Proposition 50). Seine Lösungen für die vier rationalen Invarianten zur Gleichung $H(y) = 0$ (siehe [95], S. 67) führen auf den Ansatz

$$\begin{aligned} I_4 &= c_1 \cdot 0 \\ I_6 &= c_2 \cdot \tfrac{1}{x^4(x-1)^3} \\ I_{14} &= c_3 \cdot \tfrac{1}{x^9(x-1)^7} \\ I_{21} &= c_4 \cdot \tfrac{1}{x^{14}(x-1)^{10}}. \end{aligned}$$

Geht man mit diesem Ansatz in die Syzygie (5.1) ein, erhält man die Gleichung

$$\frac{1728c_2^7 - c_4^2 + (c_4^2 - c_3^3)x}{x^{28}(x-1)^{21}} = 0,$$

welche notwendig für alle regulären Punkte x gelten muß. Die Gleichung führt auf zwei Bedingungen für die drei Konstanten c_2, c_3 und c_4, womit ihr Lösungsraum nur von einem Parameter abhängt und damit Proposition 4.5.1 erfüllt. Eine konkrete Lösung ist durch

$$\{c_2 = 27,\ c_3 = 26244,\ c_4 = -4251528\}$$

gegeben. Setzt man nun den mit den Faktoren aus Abschnitt 5.1.4 multiplizierten Ansatz

$$\begin{aligned} I_4 &= 0 \\ I_6 &= \left(-13\beta+22\beta^2-13\beta^3+13\beta^4+13\right) \frac{27}{x^4\,(x-1)^3} \\ I_{14} &= \left(23896\beta^2+10672\beta^3+10672\beta^4+23896\beta^5+29865\right) \frac{26244}{49x^9\,(x-1)^7} \end{aligned}$$

($\beta^7 = 1$) in das in Invarianten zerlegte Minimalpolynom aus Abschnitt 5.1.4 ein, erhält man das gesuchte Minimalpolynom $P(\mathbf{Y}) = 0$ einer Lösung von $H(y) = 0$:

$$
\begin{aligned}
\mathbf{Y}^{42} &+ \left(2\beta-3\beta^2-\beta^4-\beta^5-3\right)\frac{3402}{x^4(x-1)^3}\mathbf{Y}^{36} \\
&+ \left(-13\beta+22\beta^2-13\beta^3+13\beta^4+13\right)\frac{1127763}{x^8(x-1)^6}\mathbf{Y}^{30} \\
&+ \left(-100\beta^2-48\beta^3-48\beta^4-100\beta^5-131\right)\frac{9369108}{x^9(x-1)^7}\mathbf{Y}^{28} \\
&+ \left(-113\beta+96\beta^2-170\beta^3+96\beta^4-113\beta^5\right)\frac{421609860}{x^{12}(x-1)^9}\mathbf{Y}^{24} \\
&+ \left(210\beta-797\beta^2-435\beta^4-435\beta^5-797\right)\frac{337287888}{x^{13}(x-1)^{10}}\mathbf{Y}^{22} \\
&+ \left(-910\beta-1651\beta^3+419\beta^4-1651\beta^5-910\right)\frac{120951188631}{x^{16}(x-1)^{12}}\mathbf{Y}^{18} \\
&+ \left(-2811\beta+5050\beta^2-2811\beta^3+3471\beta^4+3471\right)\frac{110084814504}{x^{17}(x-1)^{13}}\mathbf{Y}^{16} \\
&+ \left(23896\beta^2+10672\beta^3+10672\beta^4+23896\beta^5+29865\right)\frac{24106163760}{x^{18}(x-1)^{14}}\mathbf{Y}^{14} \\
&+ \left(-5791\beta-5791\beta^2-12983\beta^3-16213\beta^5-12983\right)\frac{5682425452326}{x^{20}(x-1)^{15}}\mathbf{Y}^{12} \\
&+ \left(27367\beta-22004\beta^2+39618\beta^3-22004\beta^4+27367\beta^5\right)\frac{535156835472}{x^{21}(x-1)^{16}}\mathbf{Y}^{10} \\
&+ \left(46506\beta-187731\beta^2-104105\beta^4-104105\beta^5-187731\right)\frac{2343119117472}{x^{22}(x-1)^{17}}\mathbf{Y}^{8} \\
&+ \left(-25234\beta-81797\beta^2-81797\beta^3-25234\beta^4-127206\beta^5-127206\right)\frac{72232613071605}{x^{24}(x-1)^{18}}\mathbf{Y}^{6} \\
&+ \left(215098\beta+387713\beta^3-95877\beta^4+387713\beta^5+215098\right)\frac{96360773706036}{x^{25}(x-1)^{19}}\mathbf{Y}^{4} \\
&+ \left(-656205\beta+1182278\beta^2-656205\beta^3+817909\beta^4+817909\right)\frac{31632108085872}{x^{26}(x-1)^{20}}\mathbf{Y}^{2} \\
&+ \left(-800660\beta^2-356384\beta^3-356384\beta^4-800660\beta^5-998509\right)\frac{18075490334784}{x^{28}(x-1)^{20}}.
\end{aligned}
$$

Da die Galoisgruppe von $H(y) = 0$ nicht auflösbar ist, kann man nach der Galoistheorie die algebraischen Lösungen von $H(y) = 0$ nicht in Termen von Radikalen darstellen. Daher ist das eben gegebene Minimalpolynom $P(\mathbf{Y}(x)) = 0$ die expliziteste Art und Weise, geschlossene Lösungen von $H(y) = 0$ anzugeben.

Für den – nicht notwendigen – rechnerischen Nachweis der Korrektheit dieses Ergebnisses werden die Ableitungen des berechneten Minimalpolynoms in die Gleichung $H(y) = 0$ eingesetzt. Eine Methode zur Vermeidung (sehr) großer Potenzen von $\mathbf{Y}(x)$, welche durch die Differentiation des Minimalpolynoms nach x entstehen, findet man in Salvy und Zimmermann [68], S. 170. Die hierbei entstehenden Objekte waren für das Computeralgebra-System Maple zu groß. Für einen Test in MuPAD hat der Autor ein (Versuchs-)Domain für Funktionenkörper implementiert (halber Tag Aufwand), doch der Test wurde nach 6 Tagen Rechenzeit und 671MByte benötigtem Hauptspeicher vom Autor abgebrochen. Das Computeralgebra-System MAGMA V2.3-1 (siehe Bosma, Cannon und Playoust [8]) konnte den Nachweis nach 243 Minuten und einem Hauptspeicherbedarf von 33MByte auf einer Sun Ultra-Sparc I erbringen.

Anhand dieser Gleichung wird deutlich, um wieviel es effizienter sein kann, die Syzygien zur Bestimmung der Konstanten zu verwenden, als die Konstanten durch Einsetzen ins Minimalpolynom und durch Bestimmen von dessen Koeffizienten mit Hilfe der Differentialgleichung in der oben angegeben Weise zu berechnen, wie in Singer und Ulmer [79] Abschnitt 5 vorgeschlagen. Sind die rationalen Invarianten erst berechnet, kann das Minimalpolynom einer Lösung in weniger als einer Minute Rechenzeit bestimmt werden.

Man beachte, es gibt einen neuen Algorithmus zur Lösung von homogenen linearen Differentialgleichungen $n$ter Ordnung von Singer und Ulmer [81] und einige Verbesserungen von van Hoeij, Ragot, Ulmer und Weil [93], welche diesen Algorithmus mehr praktikabel machen. Dieser Algorithmus liefert das Riccati-Polynom $R(\mathbf{U}(x))$ der Gleichung, d.h. das Minimalpolynom der logarithmischen Ableitung $u = y'/y$ einer Lösung y. Um also geschlossene Lösungsfunktionen von $H(y) = 0$ darzustellen, würde man etwa einen Ausdruck der Form

$$\exp\left[\int R(\mathbf{U})\right]$$

erhalten, welcher weniger explizit ist als das oben angegebene $P(\mathbf{Y})$.

Es bleibt noch zu erwähnen, daß zur Berechnung des Riccati-Polynoms $R(\mathbf{U}(x))$ im primitiven Fall keine algebraische Erweiterung über dem Konstantenkörper der Differentialgleichung notwendig ist, während zur Bestimmung des Minimalpolynoms $P(\mathbf{Y})$ einer Lösung dies erforderlich sein kann.

5.4 Anmerkungen

Die in diesem Kapitel gegebenen Invarianten und die jeweilig zugehörigen zerlegten Minimalpolynome wurden bereits 1995 berechnet [22], allerdings nicht veröffentlicht. Es war schon damals klar, daß man zur Berechnung liouvillescher Lösungen von linearen (irreduziblen) Differentialgleichungen dritter Ordnung höchstens die neunte symmetrische Potenz der Gleichung benötigt, und auch, welche symmetrischen Potenzen überhaupt in Betracht zu ziehen sind, bzw. daß man nur die fundamentalen rationalen Invarianten der Grade 2, 4, 6 und 9 braucht; die restlichen rationalen Invarianten kann man dann – wie angegeben – aus diesen Invarianten konstruieren. In der zur gleichen Zeit erschienenen Dissertation von Weil [95, S. 63] ging man noch davon aus, daß die zwölfte symmetrische Potenz der Gleichung notwendig sein kann. In [93, S. 10f] wird ein (sehr schöner) Algorithmus für Differentialgleichungen dritter Ordnung gegeben, aus dem ebenso die obigen Grade hervorgehen.

Ein dazu alternatives allgemeines Verfahren für lineare Differentialgleichungen dritter Ordnung kann ebenfalls unter Verwendung des Algorithmus aus [91] und den hier gegebenen Vorberechnungen aufgestellt werden. Man hat dann entweder einen Isomorphismus zwischen den Räumen der rationalen Invarianten und den graduierten Räumen der entsprechenden Fundamentalinvarianten

durch die Transformation auf eine Differentialgleichung derselben Art zu konstruieren, oder man erweitert Proposition 4.5.1.

Mit den hier vorgestellten Methoden konnte die Differentialgleichung von Hurwitz nach über 110 Jahren erstmals in geschlossener Form gelöst werden. Das bedeutet auch, daß Klein statt seiner Gleichung 168ten Grades nun nur noch eine Gleichung 42ten Grades in Termen von elliptischen Funktionen zu lösen hätte. Die Darstellung der Riemannschen Fläche (5.2) und ihrer Verzweigungspunkte ist sehr schwierig. Klein hat sich hierzu die Repräsentation durch sogenannte Modulfiguren erdacht oder, wie er diese Darstellung nannte, durch eine „regulär eingetheilte Oberfläche". Dabei bekam er die berühmte in Abbildung 5.1 dargestellte Modulfigur [47, beigefügte Tafel]. Zur Erklärung dieser Figur benötigt Klein selbst 13 Seiten [47, S. 458-471] und er greift dabei noch auf die Erklärungen aus seiner vorangestellten Arbeit [45] zurück.

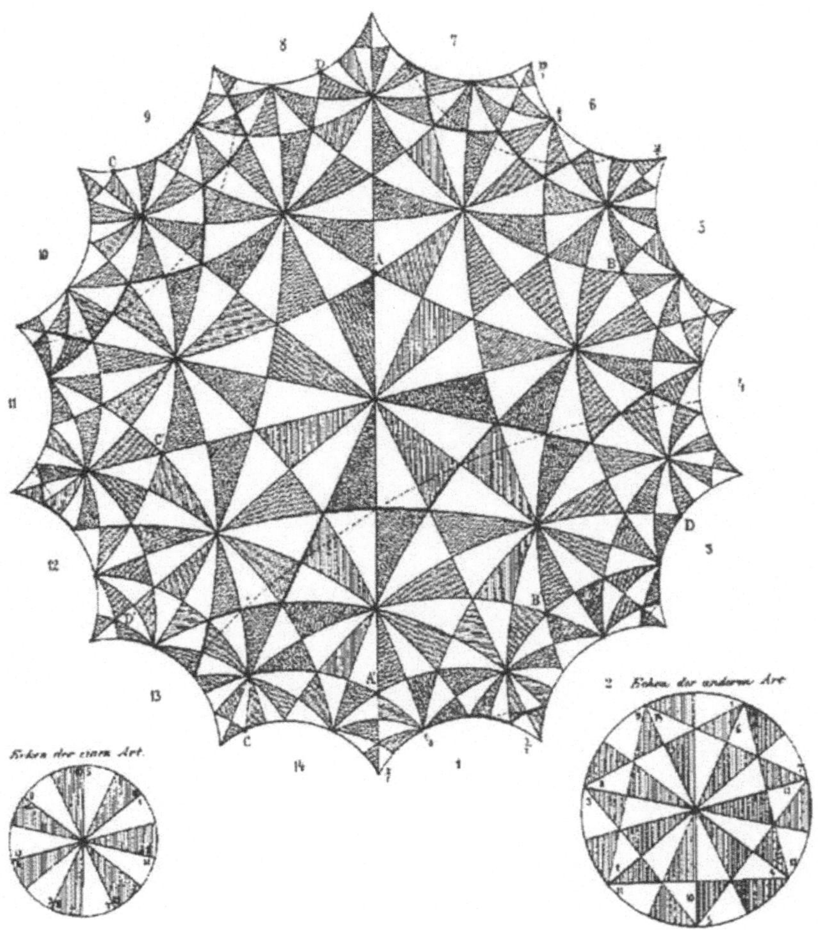

Abbildung 5.1: Die berühmte „Rosette“ von Klein [47]

Kapitel 6

Zusammenfassung und Ausblick

In diesem Kapitel werden noch einmal zusammenfassend ein Überblick über das in diesem Buch behandelte Gebiet gegeben, die darin enthalten Probleme geschildert und die hier erzielten Fortschritte und Problemlösungen aufgezeigt. Man vergleiche hierzu die Abschnitte 1.2 und 1.4. Auch werden die Auswirkungen auf zukünftige Entwicklungen angesprochen. Alle mit Nummern zitierten Algorithmen, Sätze, Lemmata, usw. sind Ergebnisse dieses Buches.

6.1 Zusammenfassung

Nachdem die symbolische Integration von Funktionen weitgehend fortgeschritten war, steht nun bereits seit einigen Jahren das symbolische Lösen von Differentialgleichungen im Mittelpunkt des Interesses vieler Computeralgebraiker. Dabei geht es heute neben speziellen Methoden, wie sie in jedem Buch über Differentialgleichungen zu finden sind, vor allem um allgemeine Vorgehensweisen, die es gestatten zu entscheiden, ob eine Differentialgleichung aus einer bestimmten Klasse von Differentialgleichungen eine Lösung aus einer bestimmten Klasse von Funktionen besitzt. In diesem Buch werden Algorithmen zur Bestimmung liouvillescher Lösungen von gewöhnlichen linearen Differentialgleichungen über den rationalen Funktionen entwickelt. Besonders bewährt haben sich hierbei auf Differential-Galoistheorie beruhende Verfahren. Neuerdings treten diese Methoden wieder im Zusammenhang mit Invariantentheorie auf.

Die Vorgehensweise bei diesen Verfahren zur Berechnung liouvillescher Lösungen ist die Rückführung eines Differential-Problems auf ein algebraisches Problem, welche nach einem berühmten Satz von Singer unter gewissen Voraussetzungen immer möglich ist. Als Lösung des algebraischen Problems erhält man dabei ein Minimalpolynom. Seit kurzem wird dieses Minimalpolynom als

Riccati-Polynom bezeichnet. Eine Lösung des Riccati-Polynoms ist die logarithmische Ableitung einer Lösung der Differentialgleichung. Je nach Galoisgruppe ändert sich der Grad des Riccati-Polynoms und macht ein entsprechendes Vorgehen notwendig. Sind alle Lösungen algebraisch, kann statt des Riccati-Polynoms auch das Minimalpolynom einer Lösung bestimmt werden.

Die hier entwickelten Algorithmen sollen die Lösungen so explizit wie möglich berechnen, d.h. sie sollen nicht ein Riccati-Polynom als „Lösung" liefern, sondern möglichst die Lösungsmenge selbst.

Im Kapitel 2 werden die algebraischen Eigenschaften der Differential-Galoisgruppen auch im Zusammenhang mit Invariantentheorie diskutiert und Grundbegriffe der Gruppentheorie und Darstellungstheorie eingeführt. In der Differential-Galoistheorie wird jeder Differentialgleichung eine Galoisgruppe zugeordnet. Man kann eine solche Galoisgruppe stets mit einer Matrixgruppe identifizieren. Die wohl tiefstliegende Tatsache dieser Theorie bildet der Zusammenhang zwischen den rationalen Funktionen, welche invariant unter der Galoisgruppe sind, und den Lösungen von Differentialgleichungen. Auf der anderen Seite gehört zu jeder (irreduziblen) Galoisgruppe ein Invariantenring. Man hat dann sowohl Polynome als auch die zu ihnen gehörenden rationalen Funktionen als Invarianten. Diese speziellen rationalen Funktionen werden hier als rationale Invarianten bezeichnet (Definition 3.3.1). Kennt man die Abbildung der rationalen Invarianten auf die polynomialen Invarianten und ist man zusätzlich in der Lage die rationalen Invarianten zu bestimmen, kann man daraus die liouvilleschen Lösungen der Differentialgleichung berechnen. Für Gleichungen zweiter Ordnung ist obige Abbildung sogar ein Isomorphismus.

Die Konstruktion dieser Abbildung führt auf eine neue Methode zur Berechnung von liouvilleschen Lösungen linearer Differentialgleichungen zweiter Ordnung (Algorithmus 3.3.8, siehe auch Algorithmus 4.4.1). Sie wird im Kapitel 3 vorgestellt. Die Mittel der Galoistheorie und insbesondere der Invariantentheorie gestatten es sogar, die Lösungen durch Einsetzen in Formeln zu berechnen (Satz 3.3.2) bzw. in drei Ausnahmefällen das Minimalpolynom einer Lösung zu bestimmen, wiederum durch Einsetzen in Formeln (Lemma 3.3.6 und Satz 3.3.7). Möglich wird dies durch die Tatsache, daß sich aus der Kenntnis der kleinsten rationalen Invariante obige Abbildung durch Bestimmen einer Konstante konstruieren läßt. Die Grundidee dabei liegt in der Verwendung *aller* Fundamentalinvarianten der zugehörigen Galoisgruppe. Dadurch kann die Konstante durch die jeweilige bestimmende Gleichung berechnet werden. Das Verfahren unterscheidet, ob die Galoisgruppe reduzibel oder imprimitiv oder primitiv und endlich ist. Im letzteren Fall muß die Galoisgruppe sogar explizit bestimmt werden. Allerdings kennt man im allgemeinen die Galoisgruppe einer Differentialgleichung nicht.

Daher werden zu Beginn des Kapitel 3 zu jedem Isomorphietyp der unimodularen Gruppen vom Grad 2 (also für jede mögliche Galoisgruppe) für je eine spezielle Gruppe eine irreduzible Darstellung und deren Invarianten gegeben und für die endlichen Gruppen auch noch in Invarianten zerlegte Minimalpolynome (Satz 3.1.1 und Abschnitt 3.1.2). Diese Berechnungen erlauben die Formulierung bekannter Sätze über die Bedingungen zur Bestimmung von Galoisgruppen in einer der Invariantentheorie naheliegenden Terminologie und auch deren Beweise auf eine sehr einfache Art (Korollar 3.2.2, Proposition 3.2.4 und Korollar 3.2.5). Die Berechnung der zerlegten Minimalpolynome sind bereits ein von der Differentialgleichung unabhängiger Vorberechnungsschritt des zu entwickelnden Algorithmus. Die Minimalpolynome sind notwendig, weil sich nicht alle algebraischen Funktionen in Radikalen repräsentieren lassen. Für den Fall einer imprimitiven Galoisgruppe werden direkte Lösungsformeln entwickelt (Satz 3.3.2), während im Fall einer primitiven endlichen Galoisgruppe Formeln zur Berechnung der konstruierten rationalen Invarianten bestimmt werden (Lemma 3.3.6 und Satz 3.3.7), die dann in das entsprechende vorberechnete in Invarianten zerlegte Minimalpolynom einzusetzen sind. In Abbildung 6.1 findet man eine Ablaufskizze von Algorithmus 3.3.8. Darin kann auch leicht die Struktur von Proposition 3.2.4 wieder gefunden werden. Es ist möglich, diesen Algorithmus (mindestens) auf Differentialgleichungen von Primzahlordnung zu erweitern.

Ein allgemeines Verfahren für Gleichungen höherer Ordnung wird in Kapitel 4 entwickelt. Weil sich das Problem der Lösung von linearen Differentialgleichungen höherer Ordnung mit einer reduziblen Galoisgruppe nicht mehr allein auf das Berechnen exponentieller Lösungen zurückführen läßt, wie das noch für Gleichungen zweiter Ordnung möglich war, wird nun eine spezielle Abhandlung dieses Falles notwendig. Reduzibel bedeutet, daß die Differentialgleichung mindestens eine Lösung mit einer Differentialgleichung niederer Ordnung mit gleichen Koeffizientenbereich gemeinsam hat. Um diese Tatsache algebraisch beschreiben zu können, werden sogenannte Differentialoperatoren eingeführt. Jeder Differentialgleichung kann auf ganz natürliche Weise ein Differentialoperator zugeordnet werden. Die algebraische Struktur der Differentialoperatoren kann man nun zur Lösung obigen Problems ausnutzen. Ähnlich der Faktorisierung von Polynomen in irreduzible Faktoren kann man auch Differentialoperatoren faktorisieren. Dabei entspricht die Faktorisierung eines Operators der Hintereinanderausführung der Operatorfaktoren. Im Gegensatz zu Polynomfaktoren sind die Operatorfaktoren nicht kommutativ. Allerdings gibt es den Prozeß der „Umstellung“ von Operatorfaktoren. Man sagt, die umgestellten Operatoren sind von derselben Art. Es lassen sich aber nicht alle Faktoren umstellen. Da die liouvilleschen Lösungen einen Unterraum aller Lösungen bilden, entsprechen diese Lösungen einem rechten Faktor des Differentialoperators.

Eingabe: $L(y) = 0$ mit $\mathcal{G}(L) \subseteq \mathrm{SL}(2, \bar{\mathbb{Q}})$.
Ausgabe: Liouvillesche Lösungen oder Minimalpolynom einer Lösung.

1. $L(y) = 0$ reduzibel?
   Berechnen einer exponentiellen und einer weiteren liouvilleschen Lösung.
2. $L^{\circledS 4}(y) = 0$ besitzt eine nichttriviale rationale Lösung r?
   (a) genau eine? $y_{1,2} = \sqrt[4]{r}\,\exp\left[\pm\frac{C}{2}\int\frac{W}{\sqrt{r}}\right]$
   (b) zwei? $r := c_1 r_1 + c_2 r_2$, dann (a)
3. $L^{\circledS m}(y) = 0$, $m \in \{6, 8, 12\}$ hat eine nichttriviale rationale Lösung r?
   - $m = 6$
     $(25J(r,H(r))^2 + 64H(r)^3)\,c^2 + 10^6 \cdot 108r^4 = 0 \quad (n = 8)$
     $I_1 = \frac{1}{4}\cdot c\cdot r, \quad I_2 = \frac{1}{400}\cdot c^2\cdot H(r), \quad I_3 = \frac{1}{3200}\cdot c^3\cdot J(r,H(r))$
     $P(\mathbf{Y}) = \mathbf{Y}^{24} + 10I_2\mathbf{Y}^{16} + 5I_3\mathbf{Y}^{12} - 15I_2^2\mathbf{Y}^8 - I_2I_3\mathbf{Y}^4 + I_1^4$
   - $m = 8$
     $(49J(r,H(r))^2 + 144H(r)^3)\,c - 118013952r^3H(r) = 0 \quad (n = 12)$
     $I_1 = -\frac{1}{16}\cdot c\cdot r, \quad I_2 = \frac{1}{150528}\cdot c^2\cdot H(r)$
     $P(\mathbf{Y}) = \mathbf{Y}^{48} + 20I_1\mathbf{Y}^{40} + 70{I_1}^2\mathbf{Y}^{32} + (2702{I_2}^2 + 100{I_1}^3)\mathbf{Y}^{24} + (-1060I_1{I_2}^2 + 65{I_1}^4)\mathbf{Y}^{16} + (78{I_1}^2{I_2}^2 + 16{I_1}^5)\mathbf{Y}^8 + {I_2}^4$
   - $m = 12$
     $(121J(r,H(r))^2 + 400H(r)^3)\,c + 708624400\cdot 1728r^5 = 0 \quad (n = 20)$
     $I_1 = \frac{1}{125}\cdot c\cdot r, \quad I_2 = \frac{1}{121\cdot 34375}\cdot c^2\cdot H(r), \quad I_3 = \frac{11}{2420\cdot 3125}\cdot c^3\cdot J(r,H(r))$
     $P(\mathbf{Y}) = \mathbf{Y}^{120} + 20570I_2\mathbf{Y}^{100} + 91I_3\mathbf{Y}^{90} - 861356665{I_2}^2\mathbf{Y}^{80} - 78254I_2I_3\mathbf{Y}^{70} + (149937016690{I_2}^3 + 11137761250{I_1}^5)\mathbf{Y}^{60} + 897941{I_2}^2I_3\mathbf{Y}^{50} + (-11602919295{I_2}^4 + 273542733750{I_1}^5I_2)\mathbf{Y}^{40} + (-151734{I_2}^3 - 6953000{I_1}^5)I_3\mathbf{Y}^{30} + (503123324{I_2}^5 - 7854563750{I_1}^5{I_2}^2)\mathbf{Y}^{20} + (1331{I_2}^4 + 500{I_1}^5I_2)I_3\mathbf{Y}^{10} + 3125{I_1}^{10}$
4. $L(y) = 0$ hat keine liouvilleschen Lösungen.

Abbildung 6.1: Ablaufskizze von Algorithmus 3.3.8.

Damit kann man einen neuen Algorithmus konstruieren, der *alle* liouvilleschen Lösungen von linearen Differentialgleichungen $n$ter Ordnung berechnen kann (Algorithmus 4.3.2), ohne die Notwendigkeit einer liouvilleschen Körpererweiterung. Bisher konnte in diesem Fall nur das Finden *einer* liouvilleschen Lösung garantiert werden.
Da der Prozeß der Umstellung aufwendig ist, wird für Differentialgleichungen bis zur dritten Ordnung ein spezieller Algorithmus entwickelt (Algorithmus 4.4.1), der ebenfalls auf den Eigenschaften der Differentialoperatoren basiert.
Was nun noch fehlt, ist ein Verfahren, um irreduzible Operatoren höheren Grades zu lösen. Will man die in Kapitel 3 entwickelte Methode auf höhere Ordnung erweitern, hat man damit zu kämpfen (dies gilt für alle bekannten Verfahren), daß die eingangs beschriebene Abbildung zwischen den Invarianten und rationalen Invarianten bei Gleichungen höherer Ordnung kein Isomorphismus mehr ist. Für dieses Problem gibt es zwei Auswege. Der erste ist, durch Transformation des Operators auf einen Operator derselben Art diesen Isomorphismus wieder herzustellen, und der zweite Weg ist, ein Verfahren zu entwickeln, welchem die Homomorphie der Abbildung genügt. Dieser Weg wird hier explizit beschritten. Dabei wird eine Methode aufgestellt, die für viele Gleichungen beliebiger Ordnung mit unimodularer primitiver Galoisgruppe gültig bleibt (Proposition 4.5.1). Auch für den Vorberechnungschritt eines in Invarianten zerlegten Minimalpolynoms, welcher für Gleichungen höherer als zweiter Ordnung sehr aufwendig ist, wird ein Algorithmus gegeben (Algorithmus 4.6.4). Der Algorithmus nutzt aus, daß sich die elementarsymmetrischen Polynome durch Potenzsummen ausdrücken lassen (Proposition 4.6.3).

Die Vorberechnungen für ein Verfahren dritter Ordnung für den Fall einer primitiven Galoisgruppe werden im Kapitel 5 durchgeführt. Hierzu wird das im vorhergehenden Kapitel entwickelte Verfahren (Algorithmus 4.6.4) benutzt. Dieses Verfahren ist so effizient, daß es sogar zusammen mit Algorithmus 4.12 aus [21] erlaubt, die Fundamentalinvarianten so zu wählen, daß alle Fundamentalinvarianten aus möglichst wenig Fundamentalinvarianten kleinsten Grades bestimmt werden können. Die Fundamentalinvarianten werden hier Grundinvarianten genannt (Definition 5.2.1). Diese Vorberechnungen erlauben weiter, eine hinreichende Schranke für die Grade von zu berechnenden Grundinvarianten anzugeben (Proposition 5.2.2). Das ist insbesondere deshalb von Bedeutung, weil dadurch eine Implementierung für ein Verfahren dritter Ordnung erst ermöglicht wird.
Als eine Anwendung des im Kapitel 5 entwickelten Verfahrens für Gleichungen mit unimodularer primitiver Galoisgruppe und den Vorberechnungen aus diesem Kapitel kann eine von A. Hurwitz im Jahr 1886 aufgestellte Differentialgleichung dritter Ordnung *erstmals* in geschlossener Form gelöst werden.

Hier noch eine kurze Zusammenstellung der wichtigen Ergebnisse:

- Satz 3.1.1, der alle in Invarianten zerlegten Minimalpolynome der endlichen imprimitiven Gruppen vom Grad 2 bestimmt
- in Invarianten zerlegte Minimalpolynome, ausschließlich unter Verwendung von absoluten Invarianten für die drei endlichen primitiven Gruppen vom Grad 2
- Kriterien zur Bestimmung der Galoisgruppe einer Differentialgleichung zweiter Ordnung aus der Sichtweise der Invariantentheorie und deren sehr elegante Beweise (Korollar 3.2.2, Proposition 3.2.4 und Korollar 3.2.5)
- Satz 3.3.2, der die Lösungsformeln für Differentialgleichungen zweiter Ordnung mit imprimitiver Galoisgruppe enthält
- Lemma 3.3.4, das eine explizite Form für ein zu berechnendes Integral im Fall einer imprimitiven Galoisgruppe vom Grad 2 gibt
- Lemma 3.3.6, das allgemeine Formeln zur Berechnung der konstruierten rationalen Invarianten angibt
- Satz 3.3.7, der die bestimmenden Gleichungen im Fall einer endlichen primitiven Galoisgruppe vom Grad 2 enthält
- Algorithmus 3.3.8 zur Lösung von Differentialgleichungen zweiter Ordnung durch Einsetzen in Lösungsformeln
- Algorithmus 4.3.2 zur Lösung von Differentialgleichungen $n$ter Ordnung
- Algorithmus 4.4.1 zur Lösung von Differentialgleichungen bis zur dritten Ordnung
- Proposition 4.5.1, die erlaubt, viele Differentialgleichungen beliebiger Ordnung mit endlicher primitiver Galoisgruppe mit Hilfe der Syzygien zu lösen
- Proposition 4.6.3, die gestattet, in Invarianten zerlegte elementarsymmetrische Polynome durch in Invarianten zerlegte Potenzsummen auszudrücken
- Algorithmus 4.6.4 zur effizienten Berechnung von in Invarianten zerlegten Minimalpolynomen

- Grundinvarianten, konstruierte Invarianten, ihre Syzygien und in Invarianten zerlegte Minimalpolynome der endlichen unimodularen primitiven Gruppen vom Grad 3
- Schranke für den Grad von Grundinvarianten für irreduzible unimodulare Gruppen vom Grad 3
- exakte Lösung der Differentialgleichung von Hurwitz

Die in diesem Buch entwickelten Algorithmen sind größtenteils im Computeralgebra-System MuPAD implementiert und bereits in der Version MuPAD 1.4 vom 9. Februar 1998 enthalten. Die Implementierungen werden im Anhang A beschrieben. Stellvertretend für die über 200 KByte Quellcode seien hier folgende Implementierungen erwähnt:

- Algorithmus 3.3.8
- Algorithmus 4.3.2, allerdings ohne den Prozeß der Umstellung
- Algorithmus 4.4.1, gegenwärtig ohne irreduzible Gleichungen dritter Ordnung
- Methode der Variation der Konstanten
- Reduktionsverfahren von d'Alembert
- Unimodulare Transformation
- Wronski-Determinante
- symmetrische Potenzen
- Ring der univariaten und der multivariaten Polynome
- Ring der Ore-Polynome
- Ring der linearen gewöhnlichen Differentialoperatoren
- Faktorisierung von Differentialoperatoren, gegenwärtig jedoch beschränkt auf linke und rechte Faktoren vom Grad 1

6.2 Ausblick

Die hier erzielten Ergebnisse könnten zur Bestimmung der Galoisgruppe von einer gegebenen Differentialgleichung genutzt werden, zumindest für Differentialgleichungen zweiter Ordnung. Alle bisher bekannten Methoden verwenden mehr oder weniger die Exponenten der Singularitäten der Differentialgleichung zur Bestimmung ihrer Galoisgruppe. Eine Differentialgleichung der Fuchsschen Klasse ist jedoch nur für zwei oder drei singuläre Punkte durch die Angabe der Wurzeln der determinierenden Gleichungen (das sind die Exponenten) eindeutig bestimmt (siehe z.B. Bieberbach [7, S. 208f]), andernfalls treten sogenannte akzessorische Parameter auf. Beim Kovacic-Algorithmus, der die Differentialgleichung in einer speziellen Normalform voraussetzt, tritt aufgrund dieser Normalform immer ein akzessorischer Parameter auf (siehe [7, S. 210]). Ein neuer Ansatz, der über die bisherigen Methoden hinausweist, ist Lemma 3.3.4, weil hier auf die Bestimmung eines Integrals und nicht mehr auf die Exponenten zurückgegriffen wird.

Des weiteren kann Algorithmus 3.3.8 auf Differenzengleichungen erweitert werden. Ein praktischer Ansatz dafür ist, die Differenzengleichung in ihre entsprechende Differentialgleichung zu transformieren. Doch eleganter und anspruchsvoller wäre, die entwickelte Methode direkt in ihr Pendant ins Differenzenkalkül zu übertragen.

Eine vollständige Implementierung zur Lösung von Differentialgleichungen dritter Ordnung kann durch Entwickeln von Lösungsformeln für den Fall einer imprimitiven Galoisgruppe erreicht werden. Das Auflösen der entsprechenden Gleichungen ist allerdings sehr aufwendig und nicht mehr von Hand zu bewältigen. Für diese Aufgabe sind sehr leistungsfähige Hilfsmittel zur Parameterelimination und zur Vereinfachung notwendig. Bisher vereinigt kein Computeralgebra-System alle diese wichtigen Eigenschaften.

Eine echte Verallgemeinerung wäre, die Verfahren auf Differentialgleichungen mit liouvilleschen Koeffizienten zu erweitern. Ein erster Schritt in diese Richtung ist die Erweiterung der rationalen Koeffizienten auf Koeffizienten, welche auch (ungeschachtelte) Wurzelausdrücke enthalten.

Anhang A

Implementierungen in MuPAD

Alle Algorithmen der vorangehenden Kapitel wurden im Computeralgebra System MuPAD (siehe Fuchssteiner et. al. [29]) implementiert, wobei im Algorithmus 4.3.2 der Schritt 3 gegenwärtig fehlt. In diesem Kapitel werden die Implementierungen beschrieben und ihre Handhabung anhand von Beispielen illustriert. Einige der hier (schnell) lösbaren Beispiele kann man zum Teil in anderen Computeralgebra-Systemen nicht oder nur unter großem Zeitaufwand berechnen.

A.1 Der LODO Domains Constructor

Der Ring der linearen gewöhnlichen Differentialoperatoren $k[D]$ ist in MuPAD als Domains Constructor `LinearOrdinaryDifferentialOperator` (oder kurz: LODO) verwirklicht. Mathematisch gesehen erzeugen die linearen Differentialoperatoren einen Links-Schiefpolynomring vom Derivationstyp (siehe Abschnitt 4.1). Die Elemente eines solchen Ringes bezeichnet man als Schiefpolynome bzw. Ore-Polynome. Auf den Ore-Polynomen gilt die gewöhnliche Polynomaddition. Allein die Multiplikation ist durch Erweiterung der Regel für $a \in k$

$$Da = aD + a'$$

auf beliebige Ore-Polynome unterschiedlich erklärt und entspricht der Komposition von Funktionen. Damit ist $k[D]$ nicht kommutativ. Das bedeutet, es gibt eine Links- und Rechtsdivision. Tatsächlich existiert in diesen Ringen sogar ein erweiterter rechtseuklidischer Algorithmus und man kann zu je zwei von Null verschiedenen Elementen ein kleinstes von Null verschiedenes gemeinsames Links-Vielfaches bestimmen. Dies ist die sogenannte *Ore-Bedingung*, d.h. die

Schiefpolynome bilden einen Links-Ore-Ring. Die linearen Differentialoperatoren erzeugen sogar einen Links- und Rechts-Ore-Ring.

Ausgehend von diesem mathematischen Hintergrund wurde der Category Constructor `UnivariateSkewPolynomialCat` erzeugt, der bereits alle von der tatsächlichen Repräsentation unabhängigen Operationen für Schiefpolynome implementiert enthält. Für die eigentliche Repräsentation wurde dann folgende Domains-Hierarchie geschaffen:

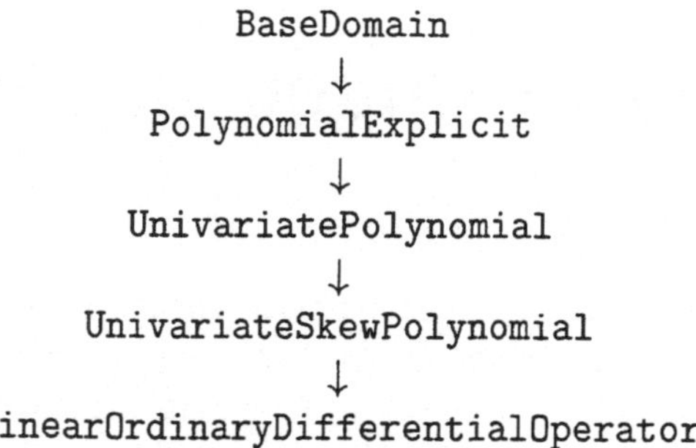

Auf diese Art und Weise konnten die neuen Domains mit verhältnismäßig geringem Aufwand, auf den Polynomen aufbauend, implementiert werden. Lediglich die Polynommultiplikation wurde durch die nicht kommutative Multiplikation überladen und alle hieraus resultierenden Links- und Rechts-Funktionen implementiert. Das Ganze ist ein Beispiel dafür, was eine objektorientierte Sichtweise ausmacht: Durch das generisch angelegte Domains-Konzept könnte man beispielsweise mit `UnivariateSkewPolynomial` neben `LinearOrdinaryDifferentialOperator` auch das Domain der linearen gewöhnlichen Differenzenoperatoren erzeugen, ohne alle Operationen neu implementieren zu müssen.

Zur Erzeugung eines LODO-Domains wählt man eine Variable für den Operator, z.B. `Df`, eine Variable, nach der abgeleitet werden soll und optional einen Koeffizientenkörper oder Ring von Charakteristik Null aus dem Domains-Package. Man beachte, daß `D` in MuPAD bereits als Operatorname reserviert ist, d.h. `D` ist keine Variable. Beispielsweise wird mit dem Aufruf

```
>> EF := Dom::ExpressionField(normal):
>> lodo := Dom::LinearOrdinaryDifferentialOperator(Df,x,EF);

Dom::LinearOrdinaryDifferentialOperator(Df, x,

   Dom::ExpressionField(normal, iszero@normal))
```

ein LODO-Domain erzeugt. Differentialoperatoren kann man auf verschiedene Weisen generieren, derselbe Operator kann z.B. durch einen Vektor

```
>> lodo([x+1, sin(x), 1]);
```

oder durch Eingabe einer Differentialgleichung

```
>> lodo(diff(y(x),x,x)+sin(x)*diff(y(x),x)+(x + 1)*y(x),y(x));
```

und natürlich durch ein Operatorpolynom erzeugt werden.

```
>> A:=lodo(Df^2+sin(x)*Df+x+1);

                              2
                            Df  + sin(x) Df + (x + 1)

>> B:=lodo(Df+x);

                                       Df + x
```

Das Produkt der beiden Operatoren erhält man mit

```
>> P:=A*B;

   3                    2
Df  + (x + sin(x)) Df  + (x + x sin(x) + 3) Df +

                   2
   (x + sin(x) + x )
```

Daß dieses Produkt wirklich der Komposition von Operatoren entspricht, kann man mit

```
>> expand((A*B)(y(x),Unsimplified)-
&>         A(B(y(x),Unsimplified),Unsimplified));

                                          0
```

überprüfen. Auch läßt sich mit

```
>> lodo(Df)*lodo(x), lodo(x)*lodo(Df);

                              x Df + 1, x Df
```

leicht erkennen, daß die definierte Multiplikation obige Regel erfüllt und nicht kommutativ ist. Die Option `Unsimplified` wird notwendig, weil die Prozedur `func_call` im LODO-Domain primär für den Lösungstest gedacht ist. Es können damit natürlich alle Operatoren evaluiert werden, jedoch werden dabei intern Umformungen vorgenommen, welche zwar die Lösungsmenge des Operators nicht verändern, aber den resultierenden Ausdruck. Durch die angegebene Option wird dies verhindert. Weiter ist es möglich, beispielsweise eine Rechtsdivision zu berechnen.

```
>> t:=P::rightDivide(P,A);

        table(
          remainder = (- cos(x) + 2 ) Df + (sin(x) - 1),
          quotient = Df + x
        )

>> t[quotient]*A+t[remainder];

  3                   2
Df  + (x + sin(x)) Df  + (x + x sin(x) + 3) Df +

                      2
   (x + sin(x) + x )
```

Kurz, ein LODO-Domain enthält u.a. die Operationen left/right{Divide, Quotient, Remainder, Gcd, Lcm, ExtendedEuclid}, erlaubt den adjungierten Operator zu bestimmen,

```
>> P::adjoint(P);

    3                   2
- Df  + (x + sin(x)) Df  + (- x + 2 cos(x) - x sin(x) - 1 ) Df +

                                       2
   (x - sin(x) - x cos(x) + x  - 1)
```

die symmetrische Potenz (`symmetricPower`) eines linearen Operators und, gegenwärtig eingeschränkt, die Faktorisierung und Nullstellen-Berechnung bzw. die Bestimmung liouvillescher Lösungen von Operatoren mit rationalen Funktionen als Koeffizienten. Dazu hier noch ein Beispiel:

```
>> L:=lodo(Df^4+(2*x-1)/(2*x*(x-1))*Df^3+
&> (143*x-147)/(784*x^2*(x-1))*Df^2+(-18*x+21)/(32*x^3*(x-1))*Df+
&> (2349*x-2940)/(3136*x^4*(x-1)));

  4   /     2 x - 1      \  3   /      143 x - 147        \  2
Df  + | ---------------- | Df  + | ---------------------- | Df  +
      |               2  |      |            2        3  |
      \ - 2 x + 2 x      /      \ - 784 x   + 784 x      /

   /    - 18 x + 21      \           2349 x - 2940
   | ------------------- | Df + -----------------------
   |        3       4    |                4         5
   \ - 32 x  + 32 x      /        - 3136 x  + 3136 x

>> Factor(L);

/  2   /     2 x - 1      \             1              \ /        1  \
| Df + | ---------------- | Df - ------------------- | | Df + --- |
|      |               2  |                         2 | \      4 x /
\      \ - 2 x + 2 x      /       - 196 x + 196 x     /

   /       1  \
   | Df - --- |
   \      4 x /
```

Ein Operator, den man in Faktoren zerlegen kann, wird als *reduzibel* bezeichnet, ist er dagegen nicht zerlegbar, heißt er *irreduzibel*. Die Prozedur `Factor` kann derzeit nur linke und rechte Faktoren vom Grad 1 finden, d.h. eine Zerlegung in irreduzible Faktoren ist nur für Operatoren bis zum Grad 3 gewährleistet. Nichtsdestoweniger können auch Zerlegungen von Operatoren höheren Grades gefunden werden. Ähnliches gilt für die Berechnung von liouvilleschen Lösungen. Das Finden *aller* solcher Lösungen ist derzeit nur für Operatoren zweiten Grades und reduzible Operatoren dritten Grades sichergestellt. Doch es können auch liouvillesche Lösungen von Operatoren höherer Grades gefunden werden.

```
>> sols:=L::liouvillianZeros(L):
>> map(sols,combine@simplify@expand@eval);

{  1/4      3/4      3/4      /  1/4     / acosh(2 x - 1) \     \
{ x    , 2 x    , 2 x     int| x    exp| -------------- |, x | -
{                              \          \       14       /     /
```

```
     1/4     / 3/4     / acosh(2 x - 1) \     \
  2 x    int| x     exp| -------------- |, x |,
             \         \       14       /     /

     3/4     / 1/4     /  acosh(2 x - 1) \     \
  2 x    int| x     exp| - -------------- |, x | -
             \         \        14       /     /

     1/4     / 3/4     /  acosh(2 x - 1) \     \ }
  2 x    int| x     exp| - -------------- |, x | }
             \         \        14       /     / }

>> map(%,L);

                          {0}
```

Der letzte Befehl zeigt, daß die gefundenen Funktionen in der Tat Lösungen des Operators sind.

A.2 Neue Funktionen der ODE-Library

Die Toplevel-Funktionen können mit

```
>> info(ode);
Library 'ode': ordinary differential equations
Interface:
ode::Wronskian,              ode::dAlembert,
ode::evalOde,                ode::exponentialSolutions,
ode::isFuchsian,             ode::isLODE,
ode::liouvillianSolutions, ode::normalize,
ode::polynomialSolutions,  ode::rationalSolutions,
ode::symmetricPower,         ode::unimodular,
ode::vectorize
```

aufgelistet werden. Neben diesen Funktionen gibt es noch eine ganze Reihe weiterer Funktionen, jedoch sind für diese gegenwärtig keine speziellen Toplevel-Varianten verfügbar. Die hier aufgelisteten Funktionen beziehen sich auf lineare gewöhnliche Differentialgleichungen. Im folgenden wird die Handhabung einiger Funktionen anhand von Beispielen erläutert.

Die Funktion `ode::Wronskian` kann neben ihrer eigentlichen Bestimmung zur Berechnung der Wronski-Determinante von Funktionen auch zur Konstruktion von Differentialgleichungen genutzt werden. Der Aufruf mit einer generischen Funktion `y(x)` liefert eine Differentialgleichung

```
>> Wr:=ode::Wronskian([1/sqrt(x),sqrt(x),y(x)],x);

            diff(y(x), x)   y(x)   diff(y(x), x, x)
            ------------- - ---- + ----------------
                  2           3           x
                 x         4 x
```

welche man nun mit `expand(Wr/ode::Wronskian([1/sqrt(x),sqrt(x)],x))` bzw. mit

```
>> Ly:=ode::normalize(Wr,y,x,2);

                                 y(x)   diff(y(x), x)
            diff(y(x), x, x) - ---- + -------------
                                   2          x
                                4 x
```

in ihre Normalform bringen kann. Dabei sind die beiden Funktionen `1/sqrt(x)` und `sqrt(x)` Lösungen der Differentialgleichung Ly.

Die $m$te symmetrische Potenz einer Differentialgleichung ist definiert als diejenige Differentialgleichung kleinsten Grades, welche die $m$ten Potenzprodukte von Lösungen der ursprünglichen Differentialgleichung zur Lösung hat. Damit besitzt die zweite symmetrische Potenz von Ly drei rationale Lösungen $\{(\frac{1}{\sqrt{x}})^2,\ \frac{1}{\sqrt{x}}\sqrt{x},\ (\sqrt{x})^2\}$:

```
>> L2y:=ode::symmetricPower(Ly,y(x),2);

                                   3 diff(y(x), x, x)
            diff(y(x), x, x, x) + ------------------
                                           x

>> ode::rationalSolutions(L2y,y(x));

                            {        1 }
                            { x, 1, - }
                            {        x }
```

Ist eine spezielle Lösung einer linearen homogenen Differentialgleichung bekannt, kann man mit der Reduktionsmethode von d'Alembert die Ordnung der Differentialgleichung reduzieren:

```
>> R:=ode::dAlembert(Ly,y(x),sqrt(x));

                                  2 y(x)
                 diff(y(x), x) + ------
                                    x
```

Das Integral aus der Lösung dieser Differentialgleichung, multipliziert mit der speziellen Lösung `sqrt(x)`, ergibt dann die zweite Lösung von `Ly`.

```
>> u:=ode::firstord(R,y,x);

                                1
                                --
                                 2
                                x

>> sqrt(x)*int(u,x);

                                1
                             - ----
                                1/2
                               x
```

Die Funktion `ode::reduction` erledigt das alles auf einmal:

```
>> ode::reduction(Ly,y(x),sqrt(x));

                        {  1/2         C1   }
                        { x     C2 - ----   }
                        {              1/2  }
                        {             x     }
```

Man sagt, eine Differentialgleichung über den rationalen Funktionen ist vom Fuchsschen Typ, wenn sie nur endlich viele (∞ eingeschlossen) schwach singuläre Stellen besitzt. Man kann dies leicht mit

```
>> ode::isFuchsian(Ly,y(x));

                              TRUE
```

überprüfen. Der Aufruf

```
>> ode::isFuchsian(Ly,y(x),"AllExponents");

 --                                  table(                     --
 |  table(                                                 2    |
 |                        2            indicial = 4 lambda  - 1, |
 |    indicial = 4 lambda  - 1,,       exponents = {-1/2, 1/2},  |
 |    exponents = {-1/2, 1/2},                      1           |
 |    place = x                        place = -                |
 |  )                                               x           |
 --                                  )                          --
```

liefert zusätzlich noch die singulären Stellen zusammen mit der Indexgleichung und den zur Singularität gehörenden Exponenten. Die Exponenten sind gerade die Lösungen der Indexgleichung. Der Ausdruck $1/x$ steht für die Singularität im Unendlichen. Die beiden Lösungen von Ly können mit

```
>> ode::exponentialSolutions(Ly,y(x));

                          {  1     1/2 }
                          { ----, x    }
                          {  1/2       }
                          { x          }
```

bestimmt werden, da es sich hierbei um exponentielle Lösungen handelt, d.h. um Lösungen, deren logarithmische Ableitung eine rationale Funktion ist:

```
>> diff(x^(1/2),x)/x^(1/2);

                                 1
                                ---
                                2 x
```

Zur Zeit können damit aber nur sogenannte $\mathbb{Q}$-*lösbare* exponentielle Lösungen gefunden werden. Dabei handelt es sich um Lösungen, deren logarithmische Ableitung eine rationale Funktion über den rationalen Zahlen ist. Tatsächlich können jedoch auch rationale Funktionen über dem algebraischen Abschluß der rationalen Zahlen vorkommen. Lösungen mit dieser Eigenschaft sind jedoch algorithmisch nur sehr schwer handhabbar.

Die allgemeinste Klasse von Lösungsfunktionen, die man derzeit überhaupt bestimmen kann, ist die Klasse der liouvilleschen Funktionen. Man berechnet sie mit dem Aufruf `ode::liouvillianSolutions`. Die allgemeinste Möglichkeit zum Lösen gewöhnlicher Differentialgleichungen ist

```
>> solve(ode(Ly,y(x)));

                    {      1/2      C4  }
                    { C3 x     + ---- }
                    {               1/2 }
                    {              x    }
```

Die `solve`-Funktion benutzt nun `ode::exponentialSolutions(Ly,y(x))`, um die Differentialgleichung zu lösen. Wer verfolgen will, welche Verfahren hierbei nacheinander verwendet werden, kann dies mit `setuserinfo(ode, 5)` tun. Will man testen, ob eine gefundene Funktion tatsächlich Lösung einer linearen Differentialgleichung ist, kann man dies folgendermaßen überprüfen:

```
>> ode::evalOde(Ly,y(x)=x^(1/2));

                              0
```

Allerdings muß darauf hingewiesen werden, daß das Problem des Null-Vergleichs im allgemeinen unentscheidbar ist. Man kann also nicht in jedem Fall das Ergebnis Null erwarten, selbst dann nicht, wenn die Lösung korrekt ist.

A.3 Berechnung liouvillescher Lösungen

In diesem Abschnitt wird die prinzipielle Vorgehensweise geschildert, wie liouvillesche Lösungen von gewöhnlichen linearen Differentialgleichungen mit Koeffizienten aus den rationalen Funktionen berechnet werden.

Liouvillesche Funktionen sind Funktionen, die man aus den rationalen Funktionen durch sukzessives Adjungieren verschachtelter Integrale, Exponentialfunktionen von Integralen und algebraischer Funktionen gewinnt. Algorithmen für deren Berechnung beruhen auf Differential-Galoistheorie. Aufgrund der Vektorraumstruktur der Lösungsmenge wird in dieser Theorie jeder linearen Differentialgleichung eine lineare Gruppe (Matrixgruppe) zugeordnet. Die Algorithmen wiederum unterscheiden Fälle, die auf Eigenschaften dieser Gruppen beruhen.

Als Beispiel wird nun folgende hypergeometrische Differentialgleichung gelöst:

```
>> Ly:=diff(y(x),x$2)+(2*x-1)/(2*x*(x-1))*diff(y(x),x)-
&> 1/(196*x*(x-1))*y(x);
```

```
                        y(x)         diff(y(x), x) (2 x - 1)
diff(y(x), x, x) - ------------- + -----------------------
                    196 x (x - 1)         2 x (x - 1)
```

Zuerst kann man mit

```
>> ode::isLODE(Ly,y(x),"HlodeOverRF");

                        y(x)         diff(y(x), x) (2 x - 1)
diff(y(x), x, x) - ------------- + -----------------------, y, x
                    196 x (x - 1)         2 x (x - 1)

   , 2
```

überprüfen, daß es sich bei der vorliegenden Differentialgleichung Ly tatsächlich um eine homogene lineare Gleichung über den rationalen Funktionen handelt. Um die Methoden der Galoistheorie anwenden zu können, muß sichergestellt sein, daß die zugehörige Galoisgruppe unimodular ist, d.h. eine Untergruppe der speziellen linearen Gruppe ist. Man kann dies durch eine Variablentransformation garantieren (siehe S. 22).

```
>> t:=ode::unimodular(Ly,y(x));

   table(
                                    1
     factorOfTransformation = -----------,
                               2     1/4
                             (x  - x)
                                               2
                                  y(x) (192 x  - 192 x + 147)
     equation = diff(y(x), x, x) + ---------------------------
                                         2          3       4
                                    784 x  - 1568 x  + 784 x
   )

>> Uy:=t[equation]:
```

Es wird also ab jetzt die transformierte Differentialgleichung Uy weiter behandelt. Erst am Ende werden die Lösungen von Uy mit dem Faktor `t[factorOfTransformation]` multipliziert und zu Lösungen von Ly. Übrigens ist dieser Faktor hier die Quadratwurzel aus der Wronski-Determinante von Ly. Die

Wronski-Determinante selber kann man aus einer normalisierten Differentialgleichung $n$ter Ordnung durch den Koeffizienten zur $(n-1)$ten Ableitung berechnen:

```
>> exp(-int(coeff(Ly,[diff(y(x),x)],1),x));

                         1
                    -----------
                      2     1/2
                    (x  - x)
```

Doch zurück zu Uy. Man hat nun zu prüfen, ob Uy reduzibel ist. Im Falle einer Differentialgleichung zweiter Ordnung kann das durch das Berechnen exponentieller Lösungen erledigt werden.

```
>> ode::exponentialSolutions(Uy,y(x));

                          {}
```

Also ist Uy – und damit auch Ly – irreduzibel. Bei Differentialgleichungen zweiter Ordnung testet man der Reihe nach, ob ihre 4te, 6te, 8te oder 12te symmetrische Potenz rationale Lösungen besitzt. Die Lösungen sind Invarianten der zugehörigen Galoisgruppe. Man kann sie wie folgt berechnen:

```
>> rset:=ode::rationalInvariants(Uy,y(x),4);

                          2
                        {x  - x}
```

Damit weiß man, daß die zugehörige Galoisgruppe isomorph zu einer binären Diedergruppe ist und die beiden Lösungen von Uy durch eine Formel angegeben werden können. In dieser Formel tritt eine noch zu berechnende Konstante C auf. Sie wird über die determinierende Gleichung bestimmt. Dazu setzt man die Wronski-Determinante und die beiden Koeffizienten von Uy

```
>> W:=1: a1:=coeff(Uy,[diff(y(x),x)],1): a0:=coeff(Uy,[y(x)],1):
```

zusammen mit der rationalen Invariante samt ihren Ableitungen

```
>> r:=op(rset):
```

in die determinierende Gleichung für den Fall der Diedergruppen ein:

```
>> Const:=genident("C"):
>> detEq:=(4*diff(r,x$2)*r-3*diff(r,x)^2) +
&> (W^2*Const^2+diff(r,x)*a1)*(4*r) + a0*(16*r^2);

   2                      2     2     2
8 x  - 8 x - 3 (2 x - 1)  + C5  (4 x  - 4 x) +

         2     2        2
   16 (x  - x)  (192 x  - 192 x + 147)
   -----------------------------------
               2          3         4
       784 x  - 1568 x  + 784 x
```

Diese Gleichung muß für alle (regulären) x erfüllt sein. Gelöst wird detEq durch

```
>> ode::secondOrder:
>> C:=ode::solveDetEquation(detEq,x,Const);

                                   [C5 = 1/7]


>> C:=op(C, [1,2]);

                                      1/7
```

wobei die erste Zeile zum Einlesen der Funktion der zweiten Zeile notwendig ist. Die beiden Lösungen von Ly bekommt man schließlich durch Einsetzen in folgende Formel:

```
>> Int:=int(W/sqrt(r), x):
>> tfac:=t[factorOfTransformation]:
>> sols:={tfac*r^(1/4)*exp(-C/2*Int), tfac*r^(1/4)*exp(C/2*Int)};

        {     / acosh(2 x - 1) \      /   acosh(2 x - 1) \ }
        { exp| -------------- |, exp| - -------------- | }
        {     \       14       /      \         14       / }
```

Der Test

```
>> ode::evalOde(Ly,y(x)=op(sols,2));

                                       0
```

zeigt, daß die berechneten Funktionen tatsächlich Lösungen von Ly sind.

Es ist auch möglich, liouvillesche Lösungen von linearen Differentialgleichungen höherer Ordnung zu bestimmen. Doch stellt die gegenwärtige Implementierung in diesem Fall kein Entscheidungsverfahren für liouvillesche Lösungen dar.

```
>> Ty:=diff(y(x),x$3)+(2*x^2-1)/(2*x*(x-1))*diff(y(x),x$2)+
&> (196*x^3-491*x^2+295*x-98)/(196*x^2*(x-1)^2)*diff(y(x),x)+
&> (-x^2+3*x-1)/(196*x^2*(x-1)^2)*y(x);

                                                2
                           diff(y(x), x, x) (2 x  - 1)
diff(y(x), x, x, x) + --------------------------- +
                                  2 x (x - 1)

                    2
   y(x) (3 x - x  - 1)
   ------------------ +
          2       2
     196 x  (x - 1)

                                      2          3
   diff(y(x), x) (295 x - 491 x  + 196 x  - 98)
   ---------------------------------------------
                           2        2
                      196 x  (x - 1)


>> sols:=ode::liouvillianSolutions(Ty,y(x)):
>> map(sols, eval@combine@simplify@expand@eval);

{      /   acosh(2 x - 1) \       / acosh(2 x - 1) \
{ exp| - -------------- |, exp| -------------- |,
{      \        14         /      \       14         /

      /   acosh(2 x - 1) \ /       /
   exp| - -------------- | | 7 int|
      \        14         / \       \

                                 1/2      / acosh(2 x - 1) \      \
   exp(-x) (x (x - 1))      exp| -------------- |, x | - 7
                                          \       14         /     /
```

```
   / acosh(2 x - 1) \   /                        1/2
exp| -------------- | int| exp(-x) (x (x - 1))
   \       7        /   \

   /   acosh(2 x - 1) \    \ \ }
exp| - -------------- |, x | | }
   \         14       /    / / }
```

Hier wird nochmal deutlich, wie schnell die Kompliziertheit der Lösungen mit der Ordnung der Differentialgleichung steigen kann. Daher wurde dieses Beispiel noch entsprechend günstig gewählt. Eine solche Wahl kann man leicht durch eine Konvertierung in die Differentialoperatoren und eine entsprechende Konstruktion von Operatoren erledigen:

```
>> lodo:=Dom::LinearOrdinaryDifferentialOperator(Df,x):
>> Factor(lodo(Ty,y(x)));
```

```
            /     2   /  - 2 x + 1    \              1           \
(- Df - 1 ) | - Df  + | ------------- | Df + ----------------    |
            |         |             2 |                    2      |
            \         \ - 2 x + 2 x   /      - 196 x + 196 x     /
```

Allerdings wird man normalerweise umgekehrt vorgehen, statt einer Dekomposition wird man eine Komposition von Operatoren vornehmen.

Zum Schluß sei noch bemerkt, daß die Implementierungen zur Berechnung der exponentiellen Lösungen von Eckhard Pflügel stammen und die Implementierung für die rationalen Lösungen in Zusammenarbeit von Eckhard Pflügel, Paul Zimmermann und dem Autor entstanden sind.

A.4 Anmerkungen

Die hier vorgestellten Implementierungen sind alle auf einem Linux-PC Pentium 90 mit 40MByte Hauptspeicher entstanden und sind daher so geschrieben, daß sie leicht auf einem solchen Rechner ausgeführt werden können. Die Zeiten, in denen Rechenzeiten von Stunden, ja sogar von Tagen auf großen Arbeitsplatzrechnern die Regel waren, gehören seit kurzem der Vergangenheit an. Was kann man nun von solchen – modernen – Algorithmen erwarten?

Man kann erwarten, daß diese Algorithmen in akzeptabler Zeit liouvillesche Lösungen berechnen. Andere nicht liouvillesche geschlossene Lösungen wie z.B. zusammengesetzte Besselfunktionen können mit diesen Algorithmen nicht gefunden werden. Sie stellen also „nur" ein Entscheidungsverfahren für liouvillesche Lösungen dar. Für Gleichungen der Ordnungen drei und höher kann man derzeit zwar liouvillesche Lösungen finden, jedoch nicht garantieren, daß auch *alle* solche Lösungen gefunden werden.

Man kann dagegen nicht erwarten, mit solchen Algorithmen parametrisierte Differentialgleichungen lösen zu können. Zwar kann man mit diesen Implementierungen die entsprechenden (parametrisierten) Differentialgleichungen in Kamke [40], Polyanin und Zaitsev [67] und Zwillinger [101] lösen, aber jeweils nur für spezialisierte Parameterwerte. Trotzdem dürften diese Algorithmen oft den Griff zu den zitierten Handbüchern ersetzen.

Probleme ganz anderer Art können sich bei tatsächlich auftretenden Differentialgleichungen dann ergeben, wenn ein Programm die Gleichung zwar formal korrekt löst, es aber manche Fundamentallösungen aufgrund physikalischer Gegebenheiten in Wirklichkeit gar nicht geben kann. Die Vermeidung bzw. Lösung dieser Probleme liegt beim Benutzer selbst.

Anhang B

Befehlsreferenz

In diesem Kapitel werden die im Anhang A eingeführten Funktionen von MuPAD kurz beschrieben und eine Übersicht der Methoden des Domains Constructors `LinearOrdinaryDifferentialOperator` gegeben.

B.1 Kurzbeschreibung ausgewählter Funktionen

`ode::dAlembert` – Reduktion der Ordnung einer Differentialgleichung

Autor(en): W. Fakler - V1.4

Aufruf:
`ode::dAlembert(Ly, y(x), v)`

Parameter:

`Ly`	—	gewöhnliche lineare Differentialgleichung
`y(x)`	—	Funktion von `Ly`
`v`	—	spezielle Lösung von `Ly`

Zusammenfassung:
`ode::dAlembert` reduziert mit Hilfe der Reduktionsmethode von d'Alembert die Ordnung der gewöhnlichen linearen Differentialgleichung `Ly` und gibt die reduzierte Gleichung zurück. Ist u eine Lösung der reduzierten Gleichung, dann ist `v` $\int u$ eine weitere Lösung von `Ly`.

Siehe auch:
Abschnitt 4.7 und Abschnitt A.2 auf Seite 108

---

ode::evalOde – Auswerten einer Differentialgleichung

Autor(en): W. Fakler – V1.4

Aufruf:

```
ode::evalOde(Ly, y(x)=v)
```

Parameter:

Ly	—	gewöhnliche lineare Differentialgleichung
y(x)	—	Funktion von Ly
v	—	beliebiger Expression

Zusammenfassung:
ode::evalOde ersetzt in der Differentialgleichung Ly in y(x) die Funktion y(x) mit dem Ausdruck v und wertet anschließend Ly aus.

Siehe auch:
Abschnitt A.2 auf Seite 110

---

ode::exponentialSolutions – Exponentielle Lösungen

Autor(en): E. Pflügel, W. Fakler – V1.4

Aufruf:

```
ode::exponentialSolutions(Ly, y(x) <, "Generic"> )
```

Parameter:

Ly	—	gewöhnliche homogene lineare Differentialgleichung über den rationalen Funktionen über $\mathbb{Q}$
y(x)	—	Funktion von Ly
"Generic"	—	String

Zusammenfassung:
ode::exponentialSolutions bestimmt den Lösungsraum der exponentiellen Lösungen von Ly, d.h. von Lösungen u, deren logarithmische Ableitungen u'/u in den rationalen Funktionen liegen und gibt diesen Lösungsraum zurück. Gegenwärtig werden nur $\mathbb{Q}$-lösbare exponentielle Lösungen gefunden.
Bei Wahl der Option "Generic" werden die linear unabhängigen Lösungen als generischer Ausdruck zurückgegeben.

Siehe auch:
Abschnitt 1.1 und Abschnitt A.2 auf Seite 109

`ode::isFuchsian` – Test auf Differentialgleichung vom Fuchsschen Typ

Autor(en): W. Fakler - V1.4

Aufruf:

```
ode::isFuchsian(Ly, y(x) <, "AllExponents"> )
```

Parameter:

`Ly`	—	gewöhnliche homogene lineare Differentialgleichung über den rationalen Funktionen über $\mathbb{Q}$
`y(x)`	—	Funktion von Ly
`"AllExponents"`	—	String

Zusammenfassung:
`ode::isFuchsian` testet, ob die Differentialgleichung `Ly` vom Fuchschen Typ ist, d.h. ob die Differentialgleichung höchstens endlich viele schwach singuläre Stellen (∞ eingeschlossen) besitzt, und gibt im positiven Fall `TRUE` sonst `FALSE` zurück.
Ein Aufruf mit der Option `"AllExponents"` liefert im positiven Fall eine Liste aller singulären Stellen zusammen mit ihren Indexgleichungen und den zu den Singularitäten gehörenden Exponenten sonst `FALSE`.

Siehe auch:
Abschnitt A.2 auf Seite 108

`ode::isLODE` – Test auf gewöhnliche lineare Differentialgleichung

Autor(en): W. Fakler - V1.4

Aufruf:

```
isLODE(Ly, y(x) <, "Lode"|"LodeOverRF"|"Hlode"|
                   "HlodeOverRF"|"Homogeneous"> )
```

Parameter:

`Ly`	—	gewöhnliche lineare Differentialgleichung
`y(x)`	—	Funktion von Ly

"Lode"	—	String
"LodeOverRF"	—	String
"Hlode"	—	String
"HlodeOverRF"	—	String
"Homogeneous"	—	String

Zusammenfassung:
`ode::isLODE` testet, ob `Ly` eine gewöhnliche lineare Differentialgleichung in `y(x)` ist und liefert im positiven Fall `TRUE`, sonst `FALSE` zurück.
Bei Wahl der Optionen wird entsprechend noch zusätzlich getestet bzw. wie folgt zurückgegeben:

- `"Homogeneous"` testet noch zusätzlich, ob `Ly` homogen ist.
- `"HlodeOverRF"` gibt, falls `Ly` eine homogene Gleichung über den rationalen Funktionen ist `Ly`, `y`, `x`, Ordnung von `Ly` zurück, sonst `FALSE`.
- `"Hlode"` gibt, falls `Ly` eine homogene Gleichung ist `Ly`, `y`, `x`, Ordnung von `Ly` zurück, sonst `FALSE`.
- `"LodeOverRF"` gibt, falls `Ly` eine Gleichung über den rationalen Funktionen ist `Ly`, `y`, `x`, Ordnung von `Ly` zurück, sonst `FALSE`.
- `"Lode"` gibt, falls `Ly` eine gewöhnliche lineare Differentialgleichung ist `Ly`, `y`, `x`, Ordnung von `Ly` zurück, sonst `FALSE`.

Siehe auch:
Abschnitt A.2 auf Seite 111

`ode::liouvillianSolutions` - Liouvillesche Lösungen

Autor(en): W. Fakler - V1.4

Aufruf:
```
ode::liouvillianSolutions(Ly, y(x)
                          <, "Transform"|"Irreducible"> )
```

Parameter:

Ly	—	gewöhnliche homogene lineare Differentialgleichung über den rationalen Funktionen über $\mathbb{Q}$
y(x)	—	Funktion von Ly

`"Transform"`	—	String
`"Irreducible"`	—	String

Zusammenfassung:
`ode::liouvillianSolutions` bestimmt den Lösungsraum der liouvilleschen Lösungen von `Ly`, d.h. von Lösungen, die sich aus den rationalen Funktionen durch sukzessives Einsetzen in verschachtelte algebraische Funktionen, Integrale und Exponentialfunktionen von Integralen konstruieren lassen und gibt diesen Lösungsraum zurück. Gegenwärtig kann nur für Differentialgleichungen zweiter Ordnung ein liouvillescher Lösungsraum bestimmt werden. Für Gleichungen dritter Ordnung wird der reduzible Fall behandelt. Für Gleichungen höherer Ordnung wird der reduzible Fall nur partiell behandelt.
Bei Wahl der Option `"Transform"` wird `Ly` unbedingt in eine unimodulare Gleichung transformiert. Bei Wahl der Option `"Irreducible"` wird angenommen, daß es sich bei `Ly` um eine irreduzible Differentialgleichung handelt.

Siehe auch:
Abschnitt 1.1, Algorithmen 3.3.8, 4.3.2 und 4.4.1 und Abschnitt A.3, insbesondere auf Seite 114

`ode::normalize` – Normalisiert eine Differentialgleichung

Autor(en): W. Fakler - V1.4

Aufruf:
`ode::normalize(Ly, y, x, n)`

Parameter:

`Ly`	—	gewöhnliche lineare Differentialgleichung
`y`	—	abhängige Variable (Funktionsname) von `Ly`
`x`	—	unabhängige Variable von `Ly`
`n`	—	Ordnung von `Ly`

Zusammenfassung:
`ode::normalize` normalisiert die gewöhnliche lineare Differentialgleichung `Ly`, d.h. es wird `Ly` so umgeformt, daß der Leitkoeffizient (das ist der Koeffizient des Terms mit der höchsten Ableitung von `y` nach `x`) gleich 1 ist.

Siehe auch:
Abschnitt A.2 auf Seite 107

`ode::polynomialSolutions` - Polynomiale Lösungen

Autor(en): E. Pflügel, P. Zimmermann, W. Fakler - V1.4

Aufruf:

`ode::polynomialSolutions(Ly, y(x) <, "Generic"> )`

Parameter:

`Ly`	—	gewöhnliche homogene lineare Differentialgleichung über den rationalen Funktionen über $\mathbb{Q}$
`y(x)`	—	Funktion von `Ly`
`"Generic"`	—	String

Zusammenfassung:

`ode::polynomialSolutions` bestimmt den Lösungsraum der polynomialen Lösungen von `Ly` und gibt diesen Lösungsraum zurück.
Bei Wahl der Option `"Generic"` werden die linear unabhängigen Lösungen als generischer Ausdruck zurückgegeben.

Siehe auch:

Abschnitt A.2

`ode::rationalSolutions` - Rationale Lösungen

Autor(en): W. Fakler - V1.4

Aufruf:

`ode::rationalSolutions(Ly, y(x) <, "Generic"> )`

Parameter:

`Ly`	—	gewöhnliche homogene lineare Differentialgleichung über den rationalen Funktionen über $\mathbb{Q}$
`y(x)`	—	Funktion von `Ly`
`"Generic"`	—	String

Zusammenfassung:

`ode::rationalSolutions` bestimmt den Lösungsraum der rationalen Lösungen von `Ly` und gibt diesen Lösungsraum zurück.
Bei Wahl der Option `"Generic"` werden die linear unabhängigen Lösungen als generischer Ausdruck zurückgegeben.

Siehe auch:

Abschnitt A.2 auf Seite 108

`ode::symmetricPower` - Symmetrische Potenz einer Differentialgleichung

Autor(en): W. Fakler - V1.4

Aufruf:
`ode::symmetricPower(Ly, y(x), m)`

Parameter:

`Ly`	—	gewöhnliche homogene lineare Differentialgleichung
`y(x)`	—	Funktion von `Ly`
`m`	—	positive ganze Zahl

Zusammenfassung:
`ode::symmetricPower` berechnet die $m$te symmetrische Potenz einer gewöhnlichen homogenen linearen Differentialgleichung `Ly`. Das ist diejenige Differentialgleichung kleinster Ordnung, deren Lösungsraum genau aus allen $m$ten Potenzprodukten von Lösungen von `Ly` besteht.

Siehe auch:
Abschnitt 2.3 und Abschnitt A.2 auf Seite 107

`ode::unimodular` - Unimodulare Transformation einer Differentialgleichung

Autor(en): W. Fakler - V1.4

Aufruf:
`ode::unimodular(Ly, y(x) <, "Transform">)`

Parameter:

`Ly`	—	gewöhnliche homogene lineare Differentialgleichung
`y(x)`	—	Funktion von `Ly`
`"Transform"`	—	String

Zusammenfassung:
`ode::unimodular` testet, ob `Ly` eine unimodulare Galoisgruppe besitzt, d.h. ob ihre Wronski-Determinante eine rationale Funktion ist. Im negativen Fall wird `Ly` in eine Differentialgleichung transformiert, deren zweithöchster Koeffizient 0

ist. Zurückgeliefert wird ein Table mit den Einträgen `factorOfTransformation` und `equation`. Ist u eine Lösung von `equation`, dann ist

`factorOfTransformation` $* u$

eine Lösung von `Ly`.
Bei Wahl der Option `"Transform"` wird die Transformation unbedingt ausgeführt.

Siehe auch:
Abschnitt 2.4 und Abschnitt A.3 auf Seite 111

`ode::vectorize` – Lineare Differentialgleichung in Vektorform

Autor(en): W. Fakler - V1.4

Aufruf:
`ode::vectorize(Ly, y, x, n)`

Parameter:

`Ly`	—	gewöhnliche lineare Differentialgleichung
`y`	—	abhängige Variable (Funktionsname) von `Ly`
`x`	—	unbhängige Variable von `Ly`
`n`	—	Ordnung von `Ly`

Zusammenfassung:
`ode::vectorize` erzeugt eine geordnete Liste aller Koeffizienten (einschließlich der nicht explizit auftretenden Koeffizienten) von `Ly` in aufsteigender Reihenfolge nach der Ordnung der Ableitungen sortiert.

`ode::Wronskian` – Wronski-Determinante

Autor(en): W. Fakler - V1.4

Aufruf:
`ode::Wronskian([v_i], x <, R >)`

Parameter:

`[v_i]`	—	Liste von Funktionen in `x`

x — Variable
R — Differentialring

Zusammenfassung:
`ode::Wronskian` berechnet die Wronski-Determiniante der Funktionen `v_i`. Bei optionaler Wahl eines Differentialringes `R` werden die Matrixeinträge bzgl. `R` dargestellt, sonst wird das Domain `Dom::ExpressionField(id, iszero@normal)` zur Darstellung verwendet.

Siehe auch:
Abschnitt 3.3 auf Seite 35, Abschnitt 4.2 und Abschnitt A.2 auf Seite 107

B.2 LODO-Domains und ihre Methoden

`Dom::LinearOrdinaryDifferentialOperator` – Domain der gewöhnlichen linearen Differentialoperatoren

Autor(en): W. Fakler - V1.4

Aufruf:
`Dom::LinearOrdinaryDifferentialOperator(Var, Dvar <, R >)`

Parameter:
Var — Variable (Operatorname)
Dvar — Differentialvariable
R — kommutativer Differentialring (von Charakteristik 0)

Super-Domain:
`Dom::UnivariateSkewPolynomial(Var,id,fun(diff(args(1),Dvar)),R)`

Kategorien:
`Cat::UnivariateSkewPolynomialCat(R)`

Axiome:
`Ax::normalRep`,
falls `R::hasProp(Ax::canonicalRep)`, dann `Ax::canonicalRep`

Zusammenfassung:
Das Domain `Dom::LinearOrdinaryDifferentialOperator` (kurz: LODO) implementiert den Ring der gewöhnlichen linearen Differentialoperatoren. Seine Elemente sind sogenannte Ore-Polynome. In dieser Implementierung wird aus Effizienzgründen ein kommutativer Differentialring als Koeffizientenring `R`

vorausgesetzt. Falls kein Koeffizientenring angegeben ist, wird das Domain `Dom::ExpressionField(normal)` als Koeffizientenring `R` verwendet.
Ore-Polynome unterscheiden sich von Polynomen in der Definition der Multiplikation. Sie wird durch die Regel

$$\texttt{Var} * a = a * \texttt{Var} + \frac{\partial}{\partial \texttt{Dvar}} a$$

für alle $a \in$ `R` erklärt und entspricht der Komposition von Funktionen.
Für die Einführung der wichtigen Eigenschaft der Teilbarkeit wird ein Differentialkörper (mit der Standard-Derivation `diff`) als Koeffizientenring `R` vorausgesetzt. Daher sind die meisten, der im folgenden aufgeführten Methoden nur dann verfügbar, wenn `R` ein Körper ist. Allgemeinere Ore-Ringe können durch Spezialisierung des Domains `Dom::UnivariateSkewPolynomial` in einfacher Weise konstruiert werden.
Neben den unten angegebenen Methoden sind alle Standardzugriffsoperationen auf Polynome (`DOM_POLY`) zulässig. Alle für den jeweiligen Koeffizientenbereich gültigen LODO-Methoden können mit der Funktion `info` abgefragt werden.

Methoden:

– **auftretende Parameter:**

- **Typ:**

`a,b`	:	dieses Domain
`c`	:	`R`
`f`	:	`DOM_EXPR`
`m,n`	:	`DOM_INT`
`v,l,la`	:	`DOM_LIST`
`e`	:	`DOM_EXPR` oder `DOM_LIST`

- **Bedeutung:**

`a,b`	=	Differentialoperatoren
`c`	=	Element des Koeffizientenringes `R`
`f`	=	Expression oder beliebige Funktion
`m,n`	=	positive ganze Zahlen
`v`	=	Liste von Elementen aus dem Koeffizientring
`e`	=	gewöhnliche lineare Differentialgleichung (in `f`) oder dessen Koeffizientenvektor oder ein Polynomausdruck in `Var`
`l`	=	Liste nicht negativer ganzer Zahlen
`la`	=	Liste (irreduzibler) Differentialoperatoren

```
new(e)
new(e, f)
```

erzeugt ein neues Domain-Element.

`adjoint(a)`
berechnet den adjungierten Operator von $\mathtt{a} = c_0 + c_1 * \mathtt{Var} + \ldots + c_n * \mathtt{Var}^n$, also $\mathtt{a}^* = c_0 - \mathtt{Var} * c_1 + \ldots + (-1)^n * \mathtt{Var}^n * c_n$.

`D(a)`
bestimmt die Ableitung von a, also $\mathtt{Var} * \mathtt{a}$.

`Dpoly(<l,> a)`
bestimmt die Ableitung von a. Falls (optional) eine Liste l mit angegeben wird, dann bestimmt $\mathtt{l} = [1, \ldots, 1]$ mit $\mathtt{nops(l)} = n$ die $n$te Ableitung von a. Falls $\mathtt{l} = []$, wird a unverändert zurückgegeben.

`exponentialZeros(a)`
berechnet ein Fundamentalsystem der exponentiellen Nullstellen von a (also $\{y \mid \mathtt{a}(y) = 0$ und $\mathtt{Var}(y)/y \in \mathtt{R}\}$), falls alle Koeffizienten rationale Funktionen in Dvar über $\mathbb{Q}$ sind.
Gegenwärtig können nur $\mathbb{Q}$-lösbare exponentielle Nullstellen bestimmt werden.

`Factor(a)`
Toplevel-Funktion für die Methode `factor` (siehe unten). Liefert einen faktorisierten Ausdruck anstelle einer Faktor-Liste zurück.

`factor(a)`
bestimmt eine (vollständige) Faktorisierung von a = a_1(...(a_m)) dargestellt als Faktor-Liste [a_1, ... , a_m], falls alle Koeffizienten rationale Funktionen in Dvar über $\mathbb{Q}$ sind und deg(a) < 4 gilt. Für Operatoren höherer Ordnung werden gegenwärtig nur linke und rechte Faktoren vom Grad 1 gefunden.

`func_call(a, f, < Unsimplified >)`
wendet a auf f an unter Verwendung der Standard-Ableitung bzgl. Dvar und vereinfacht den Ausdruck. Bei Wahl der Option `Unsimplified` wird der erhaltene Ausdruck nicht vereinfacht.

`leftDivide(a, b)`
berechnet q und r, so daß gilt $\mathtt{a} = \mathtt{b} * q + r$ mit $\deg(r) = 0$ oder $\deg(r) < \deg(\mathtt{b})$ und gibt ein Table mit $\mathtt{quotient} = q$, $\mathtt{remainder} = r$ zurück.

`leftExtendedEuclid(a, b)`
berechnet die Liste $[[r_0, s_0, t_0], [s_1, t_1]]$, so daß $\mathtt{leftGcd(a,b)} = r_0 = \mathtt{a} * s_0 + \mathtt{b} * t_0$ und $\mathtt{rightLcm(a,b)} = -\mathtt{a} * s_1 = \mathtt{b} * t_1$.

`leftExtendedGcd(a, b)`
berechnet $[r_0, s_0, t_0]$, so daß `leftGcd(a,b)` $= r_0 =$ `a` $* s_0 +$ `b` $* t_0$.

`leftGcd(a, b)`
berechnet den Operator g höchsten Grades, so daß `a` $= g * a_0$ und `b` $= g * b_0$, wobei a_0 und b_0 geeignete Operatoren sind.

`leftLcm(a, b)`
berechnet den Operator s kleinsten Grades, so daß $s = a_0 *$ `a` $= b_0 *$ `b`, wobei a_0 und b_0 geeignete Operatoren sind.

`leftQuotient(a, b)`
berechnet q, so daß gilt `a` $=$ `b` $* q + r$ mit $\deg(r) = 0$ oder $\deg(r) < \deg($`b`$)$.

`leftRemainder(a, b)`
berechnet r, so daß gilt `a` $=$ `b` $* q + r$ mit $\deg(r) = 0$ oder $\deg(r) < \deg($`b`$)$.

`liouvillianZeros(a <,"Transform"|"Irreducible">)`
`liouvillianZeros(la)`
berechnet ein Fundamentalsystem liouvillescher Nullstellen für einen Operator `a` ersten oder zweiten Grades mit Koeffizienten aus den rationalen Funktionen in `Dvar` über $\mathbb{Q}$ oder für eine (Faktor)-Liste `la` irreduzibler Operatoren (der letzte Operator entspricht dem rechten Faktor). Allerdings können evtl. nicht alle liouvilleschen Nullstellen von `la` gefunden werden.
Operatoren höherer Ordnung können gegenwärtig nur unvollständig behandelt werden.
Die beiden Optionen haben nur Auswirkungen auf Operatoren zweiten Grades: Ist die Option `"Transform"` gewählt, dann wird die unimodulare Transformation unbedingt durchgeführt. Bei Wahl der Option `"Irreducible"` wird angenommen, daß der gegebene Operator `a` irreduzibel ist.

`mkLODO(v)`
`mkLODO(Ly, y(x))`
liefert den linearen Differentialoperator `v[1]` $+$ `v[2]` $*$ `Var` $+ \ldots +$ `v[n]` $*$ `Var`$^{n-1}$ oder $a_n *$ `Var`$^{\mathtt{n}} + \ldots + a_0$, wobei `Ly` $= a_n *$ `diff(y(x), x$n)` $+ \ldots + a_0 *$ `y(x)`.

`monic(a)`
teilt den Operator `a` durch seinen Leitkoeffizienten, d.h. der Leitkoeffizient des zurückgelieferten Operators ist 1.

`polynomialZeros(a)`
berechnet ein Fundamentalsystem der polynomialen Nullstellen von `a`, falls alle Koeffizienten rationale Funktionen in `Dvar` über $\mathbb{Q}$ sind.

`rationalZeros(a)`
berechnet ein Fundamentalsystem der rationalen Nullstellen von `a`, falls alle Koeffizienten rationale Funktionen in `Dvar` über $\mathbb{Q}$ sind.

`rightDivide(a, b)`
berechnet q und r, so daß gilt $\mathtt{a} = q * \mathtt{b} + r$ mit $\deg(r) = 0$ oder $\deg(r) < \deg(\mathtt{b})$ und gibt ein Table mit `quotient` $= q$, `remainder` $= r$ zurück.

`rightExtendedEuclid(a, b)`
berechnet die Liste $[[r_0, s_0, t_0], [s_1, t_1]]$, so daß `rightGcd(a,b)` $= r_0 = s_0 * \mathtt{a} + t_0 * \mathtt{b}$ und `leftLcm(a,b)` $= -s_1 * \mathtt{a} = t_1 * \mathtt{b}$.

`rightExtendedGcd(a, b)`
berechnet $[r_0, s_0, t_0]$, so daß `rightGcd(a,b)` $= r_0 = s_0 * \mathtt{a} + t_0 * \mathtt{b}$.

`rightGcd(a, b)`
berechnet den Operator g höchsten Grades, so daß $\mathtt{a} = a_0 * g$ und $\mathtt{b} = b_0 * g$, wobei a_0 und b_0 geeignete Operatoren sind.

`rightLcm(a, b)`
berechnet den Operator s kleinsten Grades, so daß $s = \mathtt{a} * a_0 = \mathtt{b} * b_0$, wobei a_0 und b_0 geeignete Operatoren sind.

`rightQuotient(a, b)`
berechnet q, so daß gilt $\mathtt{a} = q * \mathtt{b} + r$ mit $\deg(r) = 0$ oder $\deg(r) < \deg(\mathtt{b})$.

`rightRemainder(a, b)`
berechnet r, so daß gilt $\mathtt{a} = q * \mathtt{b} + r$ mit $\deg(r) = 0$ oder $\deg(r) < \deg(\mathtt{b})$.

`rlfactor(a)`
Diese Methode dient in erster Linie als eine Teilmethode für die Methode `factor`. Sie berechnet mindestens einen rechten und einen linken Faktor vom Grad 1 von `a`, sofern ein solcher existiert.

`solve(a <, "Transform"|"Irreducible">)`
`solve(la)`
Siehe hierzu `liouvillianZeros`.

`symmetricPower(a, m)`

berechnet die `m`te symmetrische Potenz von `a`, d.h. es wird derjenige Operator kleinsten Grades erzeugt, dessen Fundamentsystem aus genau allen `m`ten Potenzprodukten von Nullstellen von `a` besteht.

`vectorize(a <, n>)`

liefert `a` in Vektorform, wobei *alle* Koeffizienten in aufsteigender Reihenfolge sortiert sind. Bei Wahl der Option `n` wird – vorausgesetzt es gilt $n \geq \deg(a)$ – ein Vektor der Länge `n` zurückgegeben, falls erforderlich mit Nullen aufgefüllt.

Siehe auch:

Abschnitt 4.1 und Abschnitt A.1.

Literatur

[1] Abramov, S.A., Kvansenko, K.Yu. (1991). *Fast Algorithms to Search for the Rational Solutions of Linear Differential Equations with Polynomial Coefficients.* In: Proceedings of ISSAC'91, Bonn, Germany, 267-270.

[2] Baldassari, F., Dwork, B. (1979). *On second order linear differential equations with algebraic solutions.* Amer. J. Math. **101**, 42-76.

[3] Barkatou, M. (1997). *An efficient algorithm to compute the rational solutions of systems of linear differential equations.* Preprint.

[4] Barkatou, M., Pflügel, E. (1997). *An Algorithm Computing the Regular Formal Solutions of a System of Linear Differential Equations.* Preprint.

[5] Becken, O. (1995). *Algorithmen zum Lösen einfacher Differentialgleichungen.* In: Rostocker Informatik-Berichte, **17**, 5-28. Universität Rostock.

[6] Beke, E. (1894). *Die Irreducibilität der homogenen linearen Differentialgleichungen.* Math. Ann. **45**, 278-294.

[7] Bieberbach, L. (1965). *Theorie der gewöhnlichen Differentialgleichungen.* 2. Aufl. Berlin; Göttingen; Heidelberg; New York: Springer Verlag.

[8] Bosma, W., Cannon, J., Playoust, C. (1997). *The Magma algebra system I: The user language.* J. Symb. Comp. **24**, 235-265.

[9] Boulanger, A. (1898). *Contribution à l'ètude des équations différentielles linéaires homogènes intégrables algébriquement.* Thése, fac. sci. Paris 1897; J. École Polytechnique Paris, série 2, vol. 4, 1-122.

[10] Bronstein, I. N., Semendjajew, K. A. (Begr.); Grosche, G. (Bearb.); Zeidler, E, (Hrsg.) (1996). *Teubner-Taschenbuch der Mathematik.* Stuttgart; Leipzig: Teubner.

[11] Bronstein, M. (1992). *On solutions of linear differential equations in their coefficient field.* J. Symb. Comp. **13**, 413-439.

[12] Bronstein, M. (1992). *Integration and Differential Equations in Computer Algebra.* Programmirovanie **18**, No. 5.

[13] Bronstein, M. (1994). *An improved algorithm for factoring linear ordinary differential operators.* In: Proceedings of ISSAC'94, Oxford, U.K., 336-340.

[14] Bronstein, M. (1996). Σ^{IT} - *A Strongly-Typed Embeddable Computer Algebra Library.* In: Proceedings of DISCO'96, Karlsruhe, Germany, LNCS 1128, 23-33.

[15] Bronstein, M., Petkovšek, M. (1994). *On Ore rings, linear operators and factorisation.* Programmirovanie **20**, No. 1, 27-44. (Siehe auch Research Report 200, Informatik, ETH Zürich).

[16] Bronstein, M., Petkovšek, M. (1996). *An introduction to pseudo-linear algebra.* Theor. Comp. Science **157**, 3-33.

[17] Bronstein, M., Mulders, T., Weil, J.A. (1997). *On Symmetric Powers of Differential Operators.* In: Prodeedings of ISSAC'97, Maui, Hawaii, 156-163.

[18] Bush, V. (1931). *The differential analyzer. A new machine for solving differential equations.* J. Franklin Inst. **212**, 447-488.

[19] Calmet, J., Ulmer, F. (1990). *On Liouvillian Solutions of Homogeneous Linear Differential Equations.* In: Prodeedings of ISSAC'90, Tokyo, Japan, 236-243.

[20] Cox, D., Little, J., O'Shea, D. (1992). *Ideals, Varieties and Algorithms.* New York: Springer Verlag.

[21] Fakler, W. (1994). *Algorithmen zur symbolischen Lösung homogener linearer Differentialgleichungen.* Diplomarbeit. Universität Karlsruhe.

[22] Fakler, W., Calmet, J. (1995). *Liouvillian solutions of third order ODE's: A progress report on the implementation.* IMACS Conference on Applications of Computer Algebra, Albuquerque, 1995.

[23] Fakler, W. (1996). *On Second Order Homogeneous Linear Differential Equations with Algebraic Solutions.* In: Proceedings of 5th Rhine Workshop on Computer Algebra, Saint-Louis, April 1996.

[24] Fakler, W. (1997). *On second order homogeneous linear differential equations with Liouvillian solutions.* Theor. Comp. Science **187**, 27-48.

[25] Fakler, W. (1997). *Algorithms for Solving Linear Ordinary Differential Equations.* mathPAD **7** No. 1, 50-59.

[26] Fakler, W. (1997). *Note on Hurwitz' Equation.* Preprint.

[27] Fuchs, L. (1876). *Ueber die linearen Differentialgleichungen zweiter Ordnung, welche algebraische Integrale besitzen, und eine neue Anwendung der Invariantentheorie.* Journal für die reine und angewandte Mathematik **81**, 97-142.

[28] Fuchs, L. (1878). *Ueber die linearen Differentialgleichungen zweiter Ordnung, welche algebraische Integrale besitzen. Zweite Abhandlung.* Journal für die reine und angewandte Mathematik **85**, 1-25.

[29] The MuPAD Group (Benno Fuchssteiner et al.) (1996). *MuPAD User's Manual - MuPAD Version 1.2.2.* New York: John Wiley and sons.

[30] Gray, J. (1986). *Linear differential equations and group theory from Riemann to Poincaré.* Boston, Basel, Stuttgart: Birkhäuser.

[31] Grigoriev, D.Yu. (1990). *Complexity of factoring and calculating the GCD of linear ordinary differential operators.* J. Symb. Comp. **10**, 7-37.

[32] Halphen, G. (1884). *Sur une équation différentielle linéaire du troisième ordre.* Math. Ann. **24**, 461-464.

[33] Hendriks, P. A., Van der Put, M. (1995). *Galois Action on Solutions of a Differential Equation.* J. Symb. Comp. **19**, 559-576.

[34] Heuser, H. (1989). *Gewöhnliche Differentialgleichungen.* Stuttgart: Teubner.

[35] Hilb, E. (1915). *Lineare Differentialgleichungen im komplexen Gebiet.* In: Encyclop. der math. Wissensch. II, 2. Teil, 471-562, Leipzig: Teubner.

[36] Hort, W., Thoma, A. (1956). *Die Differentialgleichungen der Technik und Physik.* 7. Aufl., Leipzig: Johann Ambrosius Bart.

[37] Hurwitz, A. (1886). *Ueber einige besondere homogene lineare Differentialgleichungen.* Math. Ann. **26**, 117-126.

[38] Jank, G., Volkmann, L. (1985). *Einführung in die Theorie der ganzen und meromorphen Funktionen mit Anwendungen auf Differentialgleichungen.* Basel; Boston; Stuttgart: Birkhäuser Verlag.

[39] Jenks, R.D., Sutor, R.S. (1992). *AXIOM: the scientific computation system.* New York: Springer-Verlag.

[40] Kamke, E. (1961). *Differentialgleichungen. Lösungsmethoden und Lösungen I.* 7. Aufl., Leipzig: Akademische Verlagsgesellschaft Geest & Portig.

[41] Kaplansky, I. (1957). *Introduction to differential algebra.* Paris: Hermann.

[42] Katz, N. (1987). *On the calculation of some differential galois groups.* Invent. math. **87**, 13-61.

[43] Klein, F. (1876). *Ueber lineare Differentialgleichungen.* Math. Ann. **11**, 115-118.

[44] Klein, F. (1877). *Ueber lineare Differentialgleichungen.* Math. Ann. **12**, 167-179.

[45] Klein, F. (1879). *Ueber die Transformation der elliptischen Functionen und die Auflösung der Gleichungen fünften Grades.* Math. Ann. **14**, 111-172.

[46] Klein, F. (1879). *Ueber die Erniedrigung der Modulargleichungen.* Math. Ann. **14**, 417-427.

[47] Klein, F. (1879). *Ueber die Transformation siebenter Ordnung der elliptischen Functionen.* Math. Ann. **14**, 428-471.

[48] Kolchin, E. R. (1948). *Algebraic matrix groups and the Picard-Vessiot theory of homogeneous ordinary differential equations.* Annals of Math. **49**.

[49] Kovacic, J. (1986). *An algorithm for solving second order linear homogeneous differential equations.* J. Symb. Comp. **2**, 3-43.

[50] Kuga, M. (1993). *Galois' dream: group theory and differential equations.* Boston: Birkhäuser.

[51] Loewy, A. (1903). *Über reduzible lineare homogene Differentialgleichungen.* Math. Ann. **56**, 549-584.

[52] Loewy, A. (1906). *Über vollständig reduzible lineare homogene Differentialgleichungen.* Math. Ann. **62**, 89-117.

[53] Loewy, A. (1911). *Über lineare homogene Differentialgleichungen derselben Art.* Math. Ann. **70**, 550-560.

[54] Loewy, A. (1912). *Zur Theorie der linearen homogenen Differentialausdrücke.* Math. Ann. **72**, 203-210.

[55] Loewy, A. (1917). *Über die Zerlegungen eines linearen homogenen Differentialausdruckes in größte vollständig reduzible Faktoren.* Sitzungsberichte der Heidelberger Akademie der Wissenschaften, 8. Abhandlung.

[56] Lützen, J. (1990). *Joseph Liouville 1809-1882: Master of Pure and Applied Mathematics.* Berlin; Heidelberg; New York: Springer Verlag.

[57] Macdonald, I. (1979). *Symmetric functions and Hall polynomials.* Oxford: Oxford University Press.

[58] Meyberg, K. (1976). *Algebra.* Teil 2. München, Wien: Hanser.

[59] Meyer zur Capellen, W. (1949). *Mathematische Instrumente.* Leipzig: Akademische Verlagsgesellschaft Geest & Portig.

[60] MIT Department of Electrical Engineering & Computer Science (1998). `http://www-eecs.mit.edu/AY95-96/events/bush/photos.html`

[61] Miller, G.A., Blichfeldt, H.F., Dickson, L.E. (1938). *Theory and Applications of Finite Groups.* New York: G. E. Stechert and Co.

[62] Naas, J., Schmid, H.L. (1961). *Mathematisches Wörterbuch.* Band I und II. Stuttgart: Teubner.

[63] Ore, O. (1932). *Formale Theorie der linearen Differentialgleichungen. (Erster Teil)* J. Math. **167**, 221-234.

[64] Ore, O. (1932). *Formale Theorie der linearen Differentialgleichungen. (Zweiter Teil)* J. Math. **168**, 233-252.

[65] Ore, O. (1933). *Theory of non-commutative polynomials.* Ann. of Math. **34**, 480-508.

[66] Pflügel, E. (1997). *An Algorithm for Computing Exponential Solutions of First Order Linear Differential Systems.* In: Prodeedings of ISSAC'97, Maui, Hawaii, 164-171.

[67] Polyanin, A. D., Zaitsev, V. F. (1996). *Handbuch der linearen Differentialgleichungen: exakte Lösungen.* Heidelberg; Berlin; Oxford: Spektrum Akademischer Verlag.

[68] Salvy, B., Zimmermann, P. (1994). *GFUN: A Maple Package for the Manipulation of Generating and Holonomic Functions in One Variable.* Trans. Math. Soft. **20**, No. 2, 163-177.

[69] Schlesinger, L. (1895). *Handbuch der Theorie der linearen Differentialgleichungen.* Band I. Leipzig: Teubner.

[70] Schlesinger, L. (1897). *Handbuch der Theorie der linearen Differentialgleichungen.* Band II,1. Leipzig: Teubner.

[71] Schur, I., Grunsky, H. (1968). *Vorlesungen über Invariantentheorie.* Berlin; Heidelberg; New York: Springer Verlag.

[72] Schwarz, F. (1989). *A Factorization Algorithm for Linear Ordinary Differential Equations.* In: Proceedings of ISSAC'89, 17-25.

[73] Schwarz, H. A. (1872). *Ueber diejenigen Fälle, in welchen die Gaussische hypergeometrische Reihe eine algebraische Function ihres vierten Elementes darstellt.* J. Math. **75**, 292-335.

[74] Singer, M.F. (1981). *Liouvillian solutions of nth order linear differential equations.* Amer. J. Math. **103**, 661-682.

[75] Singer, M.F. (1990). *An outline of differential Galois theory.* In: Computer Algebra and Differential Equations, Ed. E. Tournier, New York: Academic Press.

[76] Singer, M.F. (1990). *Formal Solutions of Differential Equations.* J. Symb. Comp. **10**, 59-94.

[77] Singer, M.F. (1996). *Testing Reducibility of Linear Differential Operators: A Group Theoretic Perspective.* J. of Appl. Alg. in Eng. Comm. and Comp. **7**, 77-104.

[78] Singer, M.F., Ulmer, F. (1993). *Galois Groups of Second and Third Order Linear Differential Equations.* J. Symb. Comp. **16**, 9-36.

[79] Singer, M.F., Ulmer, F. (1993). *Liouvillian and Algebraic Solutions of Second and Third Order Linear Differential Equations.* J. Symb. Comp. **16**, 37-73.

[80] Singer, M.F., Ulmer, F. (1993). *On a Third Order Differential Equation whose Differential Galois Group is the Simple Group of 168 Elements.* In: Proceedings of the 1993 Symposium on Applied Algebra, Algebraic Algorithms and Error-Correcting Codes, LNCS 673, Springer Verlag.

[81] Singer, M.F., Ulmer, F. (1997). *Linear differential equations and products of linear forms.* J. Pure and Applied Algebra **117 & 118**, 549-563.

[82] Springer, T.A. (1977). *Invariant theory.* Lecture Notes in Mathematics **585**. Berlin: Springer-Verlag.

[83] Sturmfels, B. (1993). *Algorithms in Invariant Theory.* Texts and Monographs in Symbolic Computation; Wien; New York: Springer-Verlag.

[84] Tsarev, S.P. (1996). *An Algorithm for Complete Enumeration of All Factorizations of a Linear Ordinary Differential Operator.* In: Proceedings of ISSAC'96, Zürich, Switzerland, 226-231.

[85] Ulmer, F. (1991). *Entwurf von Algorithmen zur Berechnung Liouvillescher Lösungen von linearen gewöhnlichen Differentialgleichungen.* Hamburg: Kovac.

[86] Ulmer, F. (1991). *On Algebraic Solutions of Linear Differential Equations with Primitive Unimodular Galois Group.* In: Proceedings of the 1991 Conference on Algebraic Algorithms and Error Correcting Codes, Springer Lecture Notes on Computer Science **539**.

[87] Ulmer, F. (1992). *On Liouvillian solutions of differential equations.* J. of Appl. Alg. in Eng. Comm. and Comp. **2**, 171-193.

[88] Ulmer, F. (1994). *Irreducible Linear Differential Equations of Prime Order.* J. Symb. Comp. **18**, 385-401.

[89] Ulmer, F., Weil, J.A. (1996). *Note on Kovacic's Algorithm.* J. Symb. Comp. **22**, 179-200.

[90] van Hoeij, M. (1996). *Factorization of Linear Differential Operators.* PhD thesis, University of Nijemegen.

[91] van Hoeij, M., Weil, J.A. (1997). *An algorithm for computing invariants of differential Galois groups.* J. Pure and Applied Alg. **117 & 118**, 353-379.

[92] van Hoeij, M. (1997). *Factorization of Differential Operators with Rational Functions Coefficients.* J. Symb. Comp. **24**, 537-561.

[93] van Hoeij, M., Ragot, J.F., Ulmer, F., Weil, J.A. (1997). *Liouvillian solutions of linear differential equations of order three and higher.* Prépublication 97-21, IRMAR, Rennes.

[94] Walter, W. (1990). *Gewöhnliche Differentialgleichungen: eine Einführung.* 4. Aufl. Berlin; Heidelberg; New York: Springer Verlag.

[95] Weil, J.A. (1995). *Constantes et polynômes de Darboux en algèbre différentielle: applications aux systèmes différentiels linéare.* Thèse, École Polytechnique.

[96] Willers, Fr. A. (1920). *Graphische Integration.* Sammlung Göschen. Berlin; Leipzig: Walter de Gruyter.

[97] Willers, Fr. A. (1926). *Mathematische Instrumente.* Sammlung Göschen. Berlin; Leipzig: Walter de Gruyter.

[98] Willers, Fr. A. (1943). *Mathematische Instrumente.* München; Berlin: Oldenbourg.

[99] Zharkov, A. (1995). *Coefficient Fields of Solutions in Kovacic's Algorithm.* J. Symb. Comp. **19**, 403-408.

[100] Yoshida, M. (1987). *Fuchsian Differential Equations.* Wiesbaden, Braunschweig: Vieweg.

[101] Zwillinger, D. (1992). *Handbook of differential equations.* 2nd ed. San Diego: Academic Press.

Index

Reihe MuPAD Reports

Dynamische Module
Eine Verwaltung für Maschinencode-Objekte zur Steigerung der Effizienz und Flexibilität von Computeralgebra-Systemen
Andreas Sorgatz, Paderborn
Okt. 1996. 150 Seiten. ISBN 3-519-02195-1

Ein denotationales Modell für parallele objektbasierte Systeme
Holger Naundorf, Paderborn
Dez. 1996. 186 Seiten. ISBN 3-519-02197-8

Entwicklung einer Programmierumgebung für die Parallelverarbeitung in der Computer-Algebra
Oliver Kluge, Paderborn
Dez. 1996. 125 Seiten. ISBN 3-519-02196-X

MAMMUT
Eine verteilte Speicherverwaltung für symbolische Manipulation
Holger Naundorf, Paderborn
Feb. 1997. 132 Seiten. ISBN 3-519-02198-6

User's Guide to Macro Parallelism in MuPAD 1.4.1
T. Metzner, M. Radimersky,
A. Sorgatz, S. Wehmeier, Paderborn
Jan. 1999. 134 Seiten. ISBN 3-519-02199-4

Algebraische Algorithmen zur Lösung von linearen Differentialgleichungen
Winfried Fakler, Paderborn
Jan. 1999. 142 Seiten. ISBN 3-519-02136-6

B. G. Teubner Stuttgart · Leipzig